校企合作双元开发新形态活页式教材
高等职业教育土木建筑类技能型人才培养实用教材

BIM

U0158993

BIM 安装工程
计量与计价实训

主 编　冯　琳

副主编　王宇宏　詹　凯　李晓琴　李　智

西南交通大学出版社
·成　都

图书在版编目（CIP）数据

BIM 安装工程计量与计价实训 / 冯琳主编. –– 成都：
西南交通大学出版社，2024.3
ISBN 978-7-5643-9696-1

Ⅰ. ①B⋯ Ⅱ. ①冯⋯ Ⅲ. ①建筑安装－计量－应用
软件②建筑安装－工程造价－应用软件 Ⅳ.
①TU723.32-39

中国国家版本馆 CIP 数据核字（2024）第 026413 号

BIM Anzhuang Gongcheng Jiliang yu Jijia Shixun
BIM 安装工程计量与计价实训
主编　冯　琳

责 任 编 辑	姜锡伟
助 理 编 辑	陈发明
封 面 设 计	GT 工程室
出 版 发 行	西南交通大学出版社
	（四川省成都市金牛区二环路北一段 111 号
	西南交通大学创新大厦 21 楼）
营销部电话	028-87600564　028-87600533
邮 政 编 码	610031
网　　　址	http://www.xnjdcbs.com
印　　　刷	四川玖艺呈现印刷有限公司
成 品 尺 寸	185 mm×260 mm
印　　　张	13
字　　　数	322 千
版　　　次	2024 年 3 月第 1 版
印　　　次	2024 年 3 月第 1 次
书　　　号	ISBN 978-7-5643-9696-1
定　　　价	44.00 元

前　言
PREFACE

建筑信息模型（Building Information Modeling，BIM）已成为建筑产业转型升级的重要支持技术。我国正逐步重视 BIM 技术的推广与应用，已陆续颁布了相关政策文件，以支持 BIM 技术在项目全生命周期中的应用。

BIM 技术的应用，颠覆了以往传统的造价模式，造价岗位也将面临新的洗礼，造价人员必须逐渐转型，接受 BIM 技术，掌握新的 BIM 造价计算方法。为培养 BIM 造价人才，本书以广联达 BIM 安装计量 GQI2021 和广联达云计价平台 GCCP6.0 为基础，通过引入实际工程案例，详细介绍了 BIM 在安装计量和计价中的应用。

本书通过真实案例来讲解 GQI 软件和 GCCP6.0 软件的使用，共分为 6 个教学模块，模块 1~模块 5 为计量部分，通过学习可掌握给排水、消防、通风空调、电气、弱电专业的软件算量操作；模块 6 为计价部分，通过学习可掌握广联达云计价平台 GCCP6.0 的操作，了解套取清单定额的操作流程。通过本书的学习，读者可以快速、精准地建立安装工程给排水专业、消防专业、通风空调专业、电气专业和弱电专业中的管线、设备、附属构件等三维模型，并完成构件的工程量计量和计价的工作，也可通过直观、高效、智能的模型检查功能对模型进行校核调整，实现一站式的 BIM 安装计量与计价。

本书由成都职业技术学院冯琳担任主编，四川建筑职业技术学院王宇宏、成都职业技术学院詹凯、西南交通大学希望学院李晓琴、成都仪秦工程咨询有限责任公司李智担任副主编。冯琳编写模块 1 和模块 2，并负责全书统稿；王宇宏编写模块 4 和模块 5；詹凯编写模块 3；李晓琴编写模块 6；李智负责数字化资源制作及整理。

由于编者水平有限，加之时间仓促，书中还有很多不足之处，敬请读者批评指正。

编　者
2023 年 7 月

目　录
CONTENTS

模块 1
建筑给排水工程计量

1 任务布置

1.1 实训目标

（1）了解给排水工程的基本概念、常用设备及其工作原理，能够熟练识读给排水工程施工图，为工程计量奠定基础。

（2）掌握给排水工程量计算规则，能熟练计算给排水工程的工程量。

（3）熟悉给排水工程量清单项目设置的内容，能独立编制给排水分部分项工程量清单。

（4）掌握计量计价软件的基本操作，包括参数设置、模型建立、数据输出等。

1.2 实训任务和要求

本次实训任务的主要内容是根据提供的综合楼给排水图纸，通过 GQI 软件进行工程量计算。学生需要按照指定的步骤和要求，完成以下任务：

（1）熟悉给排水专业图纸，理解其中的符号和标识，确保准确理解图纸内容。

（2）在 GQI 软件中导入给排水图纸，并设置系统参数，如工程信息、楼层设置、计算设置等。

（3）在 GQI 软件中完成给排水各系统管道、管件、设备模型的建立。

（4）运用 GQI 软件的管道汇总计算功能，计算不同管道的长度、面积和数量。

（5）利用 GQI 软件的给排水设备汇总计算功能，计算给排水设备的数量和容量。

（6）使用 GQI 软件的管件、阀门汇总计算功能，计算管件与阀门的数量和规格。

（7）生成综合楼给排水系统的设备清单和材料清单，以及相关的报表和文档。

1.3 实训图纸和设计要求

本工程项目名称为综合楼，给排水施工图共 15 张，主要包括：给排水设计总说明、图例、地下室—顶层给排水平面图、卫生间大样图、给排水系统原理图等。

CAD 图纸请扫二维码获取。

模块 1 实训图纸

1.4　实训过程中的注意事项和安全规范

1. 注意事项

（1）仔细阅读和理解实训任务的要求和图纸，确保准确理解计量的目标和要求。

（2）在实施计量之前，熟悉 GQI 软件的功能和操作方法，确保能正确使用软件进行计量。

（3）细心观察图纸，注意标识符号和尺寸要求，确保计量结果准确。

（4）严格遵循计量步骤和方法，确保计量过程的准确性和可靠性。

（5）做好记录和数据整理工作，确保实训成果的完整性和可追溯性。

（6）在实训过程中，保持良好的沟通和合作，与同学和教师密切配合，共同完成实训任务。

2. 安全规范

（1）在使用 GQI 软件进行计量时，遵守软件的安全操作规范，确保操作正确且不损坏软件或系统。

（2）如果需要使用工具、设备进行实验或操作，需正确使用并严格遵守相关的安全操作规程。

（3）如果有任何意外事故或紧急情况发生，立即向教师或指导员报告，并按照相关应急措施进行处理。

2 　任务分析

2.1　给排水系统的计量要求和重要性分析

1. 计量要求

设备数量和规格：准确计算给排水系统中所需的设备数量和规格，包括水管、卫生器具、设备等，以满足设计要求。

材料用量和规格：计量给排水系统所需的材料用量和规格，如管道、管件、阀门等，确保材料的准确采购和合理使用。

2. 计量重要性

设备和材料准确采购：通过计量分析，能够确定给排水系统所需的设备数量和材料用量，确保物资的合理利用和成本控制。

设计方案优化：通过计量分析，可以评估不同设计方案的效果和性能，选择最优方案，提高给排水系统的效率。

2.2　给排水系统图纸和相关标识符号分析

1. 给排水系统图纸分析

本实训选择综合楼建筑项目，依托工程是一栋单体办公建筑，建筑高度为 10.350 m，地下 1 层，地上 3 层，结构形式为框架结构。

本套图纸属于给排水专业，施工图共 15 张，主要包括：给排水设计总说明、图例、地下室—顶层给排水平面图、卫生间大样图、给排水系统原理图等。

2. 阅读设计总说明

设计总说明通常放在图纸目录后，一般应当包括工程概况、设计依据、工程做法等。

在本教材提供的综合楼给排水专业施工图中，编号为结排水 – 01 ~ 结排水 – 03 的图纸是给排水设计总说明（图例、设备主要材料表）。

3. 给排水工程图识图基础

给水排水工程图是建筑工程图的组成部分（简称给排水工程图），按照作用范围可分为室内给排水工程图和室外给排水工程图。

室内给排水工程图又称为建筑给排水工程图，其任务是将城镇给水管网或自备水源给水管网的水引入室内，经配水管送至室内各种卫生器具、用水嘴、生产装置和消防设备，并满足用水点对水量、水压和水质的要求。给排水工程图一般包括给排水平面图、系统图、屋面雨水平面图、剖面图及详图。识图过程中，首先应该通过平面图看懂工程中给排水服务范围，从哪几个地方引水，如何在建筑平面内走线；然后看系统原理图，了解整个管路；最后分层看平面图，对照着系统原理图看。

管道平面图表明建筑物内给排水管道、用水设备、卫生器具、污水处理设施构筑物等的各层平面布置，主要包括：建筑物内各用水房间的管道平面分布情况，用水设备的类型、平面布置和尺寸，工程中各种给排水管道的位置、走向和管径，以及各种附件。系统图主要表明管道的立体走向，以及各个用水设备的空间布置情况。通过对系统图的识读，可以更加全面地认识建筑物给排水系统的工作方式。

局部详图主要用于表示用水设备和附属设备的安装、连接，以及管道局部节点的详细构造，识读详图对于计量的准确性有重要意义。

4. 图纸目录

图纸目录一般包括序号、图别、图号、图纸名称、张数、规格、出图日期、版本号、备注等。本工程图纸目录如表 1.1 所示。

表 1.1　给排水图纸目录

序号	图别	图号	名称	规格	备注
1	水施	01	给排水设计总说明（一）	A3	
2	水施	02	给排水设计总说明（一）	A3	
3	水施	03	给排水设计总说明（一）	A3	
4	水施	04	地下一层给排水平面图	A3	
5	水施	05	一层给排水平面图	A3	
6	水施	06	二层给排水平面图	A3	
7	水施	07	三层给排水平面图	A3	

序号	图别	图号	名称	规格	备注
8	水施	08	屋顶层给排水平面图	A3	
9	水施	09	地下一层自动喷淋平面图	A3	
10	水施	10	一层自动喷淋平面图	A3	
11	水施	11	二层自动喷淋平面图	A3	
12	水施	12	三层自动喷淋平面图	A3	
13	水施	13	卫生间大样图	A3	
14	水施	14	给排水、消火栓系统原理图	A3	
15	水施	15	消防水泵房管道轴测图	A3	

5. 设计依据

设计依据主要是记录本工程设计过程中参考的文献、技术规范等，严谨地参考相关技术规范是保证工程质量、经济技术合理的前提。本工程设计依据如图1.1所示，主要为有关部门对本工程的批文、建设单位提供的市政给排水管网资料和设计任务书、本专业设计所采用的主要标准、建筑和有关专业提供的条件图及有关资料。

1 设计依据

1.1 有关部门对本工程的批文。

1.2 建设单位提供的市政给排水管网资料和设计任务书。

1.3 本专业设计所采用的主要标准

《建筑给水排水设计标准》GB 50015—2019

《室外给水设计标准》GB 50013—2018

《室外排水设计规范》GB 50014—2006（2016年版）

《建筑设计防火规范》GB 50016—2014（2018年版）

《消防给水及消火栓系统技术规范》GB 50974—2014

《自动喷水灭火系统设计规范》GB 50084—2017

《气体灭火系统设计规范》GB 50370—2005

《建筑灭火器配置设计规范》GB 50140—2005

《绿色建筑评价标准》GB/T 50378—2019

《城镇给水排水技术规范》GB 50788—2012

《二次供水工程技术规程》CJJ 140—2010

《民用建筑节水设计标准》GB 50555—2010

《生活饮用水卫生标准》GB 5749—2006

《建筑机电工程抗震设计规范》GB 50981—2014

《建筑给水排水及采暖工程施工质量验收规范》GB 50242—2002

《给水排水构筑物工程施工及验收规范》GB 50141—2008

《自动喷水灭火系统施工及验收规范》GB 50261—2017

《建筑给水复合管道工程技术规程》CJJ/T 155—2011

《建筑排水塑料管道工程技术规程》CJJ/T 29—2010

1.4 建筑和有关专业提供的条件图及有关资料。

图1.1　给排水设计依据

6. 工程概况

工程概况是对该工程建设技术背景的阐述，由于各专业工程技术背景不同，各专业的工程概况侧重点也不一样。给排水专业的工程概况一般介绍建筑高度、建筑面积、地理情况、建筑周围现有及规划相应市政设施、年平均降水量（最高降水量），以及建筑安全等级等信息。本工程的给排水工程概况如图1.2所示。

2 工程概况

2.1 工程名称：四川灵雨科技有限公司建设项目。子目名称：综合楼。

2.2 建设单位：四川灵雨科技有限公司。建设地点：四川省成都市新都区。

2.3 项目概况：本工程内容包含地上3层，地下1层，建筑高度为10.35 m，总建筑面积3 937.68 m²，耐火等级为二级，结构型式为框架结构，抗震设防烈度为7度，属于多层公共建筑。

图1.2　给排水工程概况

7. 给排水工程图的基本规定

本工程图纸设计总说明中，对给排水工程的基本规定进行了说明：

（1）图中尺寸单位：管道长度和标高以 m 计，其余均以 mm 计。

（2）管径表示：钢管、铸铁管、复合管、塑料管及不锈钢管、铜管等管道均以公称直径"DN"表示。

（3）管道标高：给水管、热水管、压力排水管、消防管道指管中心，管道穿墙留洞、预埋套管等指管中心，污水管、雨水管等重力流管道指管内底。

8. 设计范围

工程设计范围是说明本给排水图纸涉及哪些分部工程。本工程设计范围如图 1.3 所示。

3 设计范围
建筑用地红线范围内的室内生活及消防给排水设计。
3.1 生活给水系统。
3.2 室内消火栓给水系统。
3.3 生活污、废水排水系统。
3.4 雨水排水系统。
3.5 建筑灭火器配置。
3.6 消火栓系统。
3.7 消防喷淋系统。

图 1.3　给排水工程设计范围

9. 给排水系统

（1）给排水系统设计参数。

本工程图纸设计说明中，对给排水系统设计参数进行了说明，如图 1.4 所示。

4 设计参数
4.1 本单体由市政水压供给，系统工作压力为0.30 MPa。
4.2 给排水系统
生活用水定额：按照40 L/（人·d），用水时间8 h，时变化系数为1.5。最大时生活用水量：12.16 m³/h；最高日生活用水量：64.84 m³/d。最大时生活污废水排放量：10.34 m³/h；最大日生活污废水排放量：58.36 m³/d。

图 1.4　给排水设计参数

（2）给水系统管材。

本工程图纸设计总说明中，对给水工程的管材进行了说明，如图 1.5 所示。

6.2 管材和接口
6.2.1 室内加压给水管埋地部分采用衬塑钢管，DN≤50，采用丝扣连接；DN>50，采用法兰连接，法兰接口不得直接埋设于土壤中，应加设热塑套。室外埋地加压给水管应视具体情况考虑防腐，严格按照《建筑给水排水及采暖工程施工质量验收规范》进行施工。
6.2.2 生活给水系统冷水干管采用衬塑钢管，明装时DN≤50，采用丝扣连接；DN>50，采用卡箍连接。支管（自干管接出的分户管水表前后管材）采用冷水PP-R管（S5级），试验压力0.6 MPa，热熔连接。
6.2.3 水池、水泵房管材：水泵吸水管（自与吸水总管连接处或水泵吸水管的阀门至伸入水池部分）、水池补水管（伸入水池部分）、水池溢流排水管及放空排污管采用薄壁不锈钢管，其他采用厂家配套的不锈钢管。

图 1.5　给水系统管道

（3）排水系统管件。

本工程图纸设计总说明中，对排水工程的管材进行了说明，如图1.6所示。

7.4 管材和接口

7.4.1 自流污废水管：卫生间的排水立管采用平壁UPVC管，黏结连接。污水立管每层设伸缩节。排水支管采用平壁PVC-U管，黏结连接。出户管、底层排水横干管采用加厚实壁UPVC排水管黏结连接。户内排水支管采用平壁PVC-U管，黏结连接。管件与管材应由同一厂家供货。

7.4.2 通气管原则上采用普通PVC—U排水管。

7.4.3 重力流雨水排水系统采用普通PVC—U排水管。

图1.6　排水系统管道

10. 图例

本工程图纸设计总说明中，给出了管道、管网附件及其他设备设施的图例。在识图过程中，可以翻阅图例，以便准确、快速地识图。部分图例如图1.7所示。

图　例

名　称	平面图与系统图符号	名　称	平面图与系统图符号
给水管	—— J —— $\frac{JL-n}{(n代表序号)}$	洗脸盆单阀水嘴	
污水管	- - - - - WL-n $\frac{}{(n代表序号)}$	淋浴器	平面：　系统：
雨水管	——Y—— $\frac{YL-n}{(n代表序号)}$	室内单口消火栓	平面：　系统：
废水管	—— F —— $\frac{FL-n}{(n代表序号)}$	室内明装、半明装、暗装消火栓	
市政给水引入管编号	⊕$\frac{J}{n}$→（n代表引入管编号）	手提式（推车式）灭火器	手提式：　推车式：
污水出户管编号	⊕$\frac{W}{n}$→（n代表引入管编号）	闭式上喷自动喷洒头	平面：　系统：
雨水出户管编号	⊕$\frac{Y}{n}$→（n代表引入管编号）	闭式下喷自动喷洒头	平面：　系统：
废水出户管编号	⊕$\frac{F}{n}$→（n代表引入管编号）	侧喷式喷头	平面：　系统：
水表组（井）		末端试水装置（阀）	平面：　系统：
水表		室外消火栓	
闸阀/防护闸阀		消防水泵接合器	
蝶阀		水泵（通用）	
截止阀/防护截止阀		压力表	

图1.7　部分图例

11. 设备材料清单表

本工程图纸设计总说明中，给出了本工程主要设备材料清单表及其规格型号、单位、数量等，部分图纸会把数量写在此表中，部分图纸不会写出即列为自计。部分设备材料清单如图1.8所示。

设备材料清单

序号	名　　称	型号及规格	单位	数量	附　注
一	室内生活给水系统				
1	止回阀	DN65/DN50	个	自计	
2	截止阀	DN50/DN40/DN32/DN20/DN15	个	自计	
3	水表	LXS DN50	个	自计	
4	PPR管	DN15/20/25/32/40/50	m	自计	
5	衬塑钢管	DN65/DN50	m	自计	
6	立式自动排气阀	DN15	个	自计	
二	卫生洁具				
1	洗手盆	甲方定（节水型卫生器具）	套	自计	09S304
2	污水池	甲方定（节水型卫生器具）	套	自计	09S304
3	坐式大便器	甲方定（节水型卫生器具）	套	自计	09S304
4	小便器	甲方定（节水型卫生器具）	套	自计	09S304
5	蹲式大便器	甲方定（节水型卫生器具）	套	自计	09S304
三	污、废水系统				

图 1.8　部分设备材料清单

12. 给水系统图纸分析

（1）该建筑为地下 1 层、地上 3 层，檐口距地高度为 10.35 m，小区内市政给水管网压力供水压力为 0.3 MPa，完全能够满足生活给水所需压力。故采用直接供水方式供水。

（2）由地下一层给水平面图（图号 04）及给排水、消火栓系统原理图（图号 14）可知，从该建筑西侧的 DN150 市政给水管网引水进入该建筑，给水干管通过地下一层进入建筑，通过立管 JL-1 分别向每一层供水。一层、二层仅有公共卫生间需要供水，三层除了公共卫生间，还有每个单人房间需要供水。所有供水均由立管 JL-1 完成。

（3）给水立管 1，即 JL-1 的给排水系统原理图（图号 14）如图 1.9 所示，给水立管 JL-1 的主管为 DN65 的 PP-R 管，逐级变径为 DN50 的 PP-R 管。

（4）根据一至三层给排水平面图（图号 05~07）及卫生间大样图（图号 13）可知，一至三层生活给水用水点仅出现在公共卫生间，公共卫生间由男卫生间、女卫生间以及无障碍卫生间组成。男卫生间主要有 3 个洗手盆、4 个小便器、4 个蹲式大便器；女卫生间分别设置蹲式大便器 4 个、洗脸盆 3 个；无障碍卫生间分别设置 1 个专用坐便器、1 个专用小便斗和 1 个专用洗手池。以上所有供水点及其他供水点均由 JL-1（给水立管 1）供水，且每层一致。

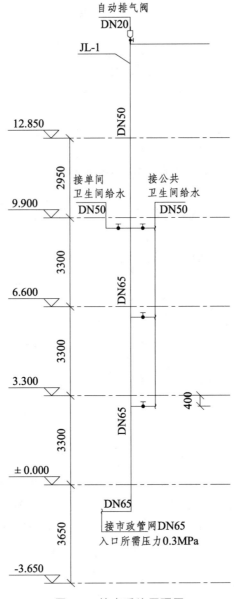

图 1.9　给水系统原理图

2.3　GQI 软件在给排水系统计量中的应用优势

（1）自动化计量。GQI 软件通过图纸导入和参数设定，能够自动进行给排水系统的计量计算。它能够快速准确地分析图纸中的各个组件和要素，并根据设定的参数进行计算，省去手工计算的烦琐过程，提高计量效率。

（2）综合计算功能。GQI 软件提供水管、卫生设备以及阀门、管件等元素的计量功能。它能够根据图纸中的布置和要求，综合计算各个组件的数量、规格和用量。这使得给排水系统的算量计算更加全面和准确。

（3）设备清单生成。GQI 软件能够根据计量结果自动生成给排水系统的设备清单。清单中包括设备的型号、规格和数量，方便工程人员采购材料和安装设备。

（4）材料清单生成。除了设备清单，GQI 软件还能生成给排水系统的材料清单。清单中列出了所需的卫生设备、管件、阀门等材料的规格和用量，帮助工程人员进行材料预估和采购。

（5）可视化展示。GQI 软件通过图表、图像等方式可视化展示计量结果和清单内容。这样的展示形式使得信息更加清晰明了，方便用户理解和使用。

3 任务实施

3.1 模型创建

1. 创建项目

打开 GQI 软件，点击"新建工程"，将工程名称命名为"综合楼-给排水"，在工程专业里面选择"给排水"，计算规则选择"工程量清单项目设置规则（2013）"，点击"创建工程"，进入建模界面，如图 1.10 所示。

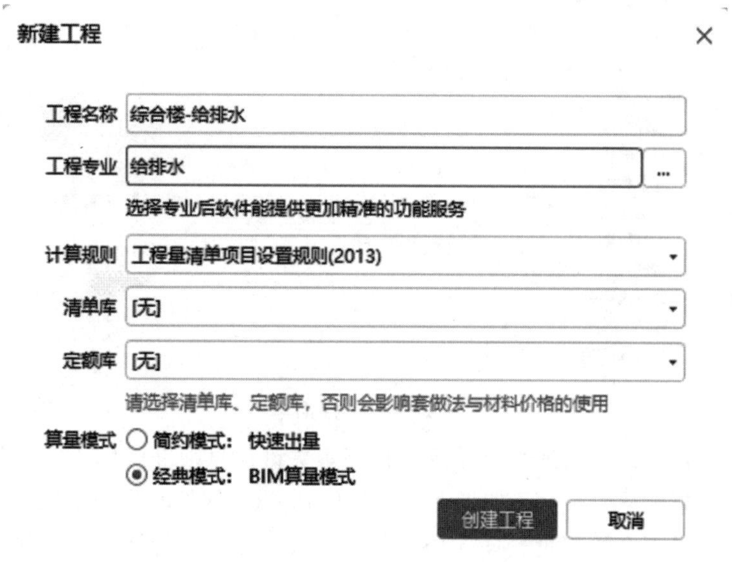

图 1.10　新建工程

【知识拓展】

（1）工程专业的选择不影响算量，如果只选单专业或本次涉及的专业，界面会更加简洁。

（2）清单库与定额库的选择不影响算量，只影响清单定额的套取。

（3）如果需要使用清单库和定额库，但是软件显示为"无"，则需要安装对应地区的广联达计价软件（GCCP6.0），安装完成后，再新建项目即可看到对应的清单库和定额库。

（4）经典模式与简易模式的区别。

经典模式：又称为 BIM 模型算量模式，适用于传统建模模式，建立完整的三维模型，出量详细，对量简单，查找方便。

简易模式：可快速算量，适用于需要快速出量，不需要建立完整三维模型的用户。

2. 修改基础设置

进入软件界面后首先在工程设置中将工程信息、楼层设置、计算设置修改好，如图 1.11 所示。

工程信息

	属性名称	属性值
1	⊟ **工程信息**	
2	工程名称	综合楼-给排水
3	计算规则	工程量清单项目设置规则(2013)
4	清单库	[无]
5	定额库	[无]
6	项目代号	
7	工程类别	住宅
8	结构类型	框架结构
9	建筑特征	矩形
10	地下层数(层)	1
11	地上层数(层)	3
12	檐高(m)	10.35
13	建筑面积(m2)	3937.68
14	⊟ 编制信息	
15	建设单位	
16	设计单位	
17	施工单位	
18	编制单位	
19	编制日期	2023-04-07
20	编制人	
21	编制人证号	
22	审核人	
23	审核人证号	

图 1.11　工程信息

在进行楼层设置时，楼层编号、层高和标高等关键信息须准确填写。这些重要信息通常可以在建筑或结构施工图中找到。如果在使用广联达 GQI 软件时发现楼层数不足的情况，你可以通过点击软件界面上的"批量插入楼层"功能来添加所需的楼层数，并且随后对每个楼层的具体参数进行修改和调整，以确保与实际建筑相符。这样，便能够准确设置楼层信息，为后续的建筑系统设计和分析提供可靠的基础，如图 1.12 所示。

楼层设置

首层	编码	楼层名称	层高(m)	底标高(m)	相同层数	板厚(mm)	建筑面积(m2)	备注
☐	4	屋顶层	3.3	9.85	1	120		
☐	3	第3层	3.3	6.55	1	120		
☐	2	第2层	3.3	3.25	1	120		
☑	1	首层	3.3	-0.05	1	120		
☐	-1	第-1层	3.65	-3.7	1	120		
☐	0	基础层	3	-6.7	1	500		

图 1.12　楼层设置

【知识拓展】

（1）在进行楼层设置时，如果有地下楼层，则需要选中基础层进行插入。还有一种方法可以实现地下楼层的插入，即通过第一列"首层"的选择框，勾选任意楼层，这样可以实现勾选层为首层，勾选层以下则为地下楼层，勾选层以上为地上楼层。

（2）在楼层设置的左侧，可以通过"添加"按钮，添加单项工程，这样可以实现多个单项工程在同一个 GQI 文件中。

在进行计算设置时，需要根据国家规范和图纸系统说明来调整各种计算方式，如图 1.13 所示。遵循国家规范和图纸系统说明，能够保证计算过程符合行业标准，同时也有助于避免差错，减小误差。

图 1.13　计算设置

3. 导入图纸并处理

在软件视图工程设置选项中，选择"添加图纸"选择本专业图纸导入，导入的图纸会在图纸管理中显示，如图 1.14 所示。

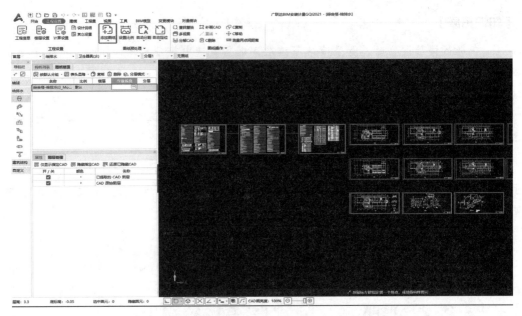

图 1.14 导入图纸

随后进行图纸分割，在软件视图中选择自动分割，然后框选要分割的图纸，单击右键确定进行自动分割，再将系统处理后的图纸进行楼层和专业系统修改设置，如修改图纸楼层归属、选中后单击右键删除无用图纸等，并完成分割操作，如图 1.15 和图 1.16 所示。

自动分割

楼层设置　　图纸归属单项： 综合楼-给排水

	图纸名称	楼层	专业系统
1	□ 综合楼-给排水t3_Model		
2	地下一层给排水平面图	第-1层	给水系统,排水系统
3	地下一层自动喷淋平面图	第-1层	
4	卫生间大样图		
5	DN100溢流至屋面端部加防虫网	屋顶层	
6	一层给排水平面图	首层	给水系统,排水系统
7	一层给排水平面图_1	首层	给水系统,排水系统
8	说明_闸阀采用弹性座封明杆闸阀;压力表...		
9	二层给排水平面图	第2层	给水系统,排水系统
10	二层给排水平面图_1	第2层	给水系统,排水系统
11	三层给排水平面图	第3层	给水系统,排水系统
12	三层给排水平面图_1	第3层	给水系统,排水系统
13	屋顶层给排水平面图	屋顶层	给水系统,排水系统

说明：夹层将影响图纸与楼层匹配的准确度，建议自动分割完成后单独插入夹层再手动分配。

确定　　取消

图 1.15 自动分割图纸

图纸名称	楼层	专业系统
1 ⊟ 综合楼-给排水t3_Model		
2 — 地下一层给排水平面图	第-1层	给水系统,排水系统
3 — 卫生间大样图		
4 — 一层给排水平面图	首层	给水系统,排水系统
5 — 二层给排水平面图	第2层	给水系统,排水系统
6 — 三层给排水平面图_1	第3层	给水系统,排水系统
7 — 屋顶层给排水平面图	屋顶层	给水系统,排水系统

图 1.16　自动分割图纸调整

若自动分割图纸不能满足建模要求，还可手动分割图纸，具体操作：点击自动分割下拉框选择"手动分割"命令，后按视图下方操作提示左键框选单张图纸，然后单击鼠标右键确定修改各属性，如图 1.17 和图 1.18 所示。

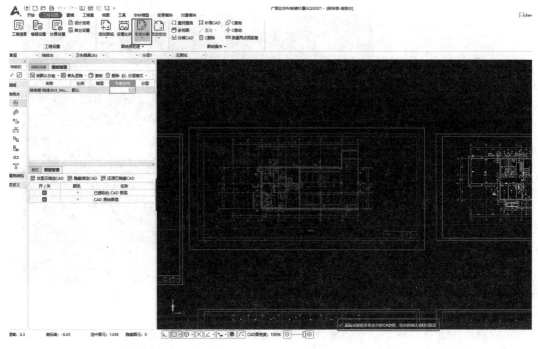

图 1.17　手动分割图纸

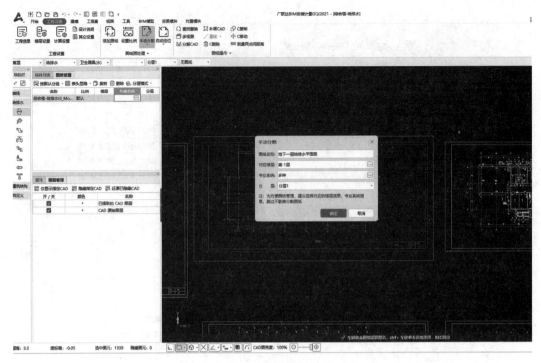

图 1.18　手动分割弹框

按以上方法完成每层给排水图纸分割，如图 1.19 所示。

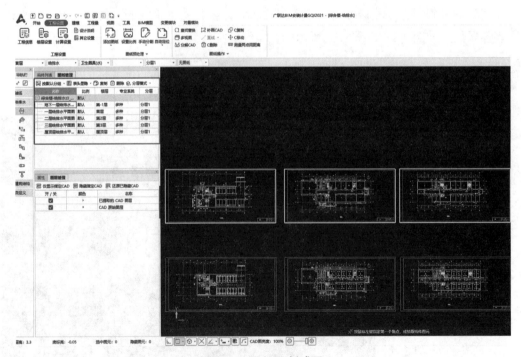

图 1.19　图纸分割成果

完成每层图纸分割后，需对每张图纸进行定位设置，定位方式主要有三种，建议使用手动定位，更加精准。具体操作：点击"手动定位"命令，再根据视图下方命令提示点选两根相交轴线（轴线的选择要求：尽量使每张分割图纸上都有该轴线、位置明显靠边），点选完成后自动生成该图纸定位符号，如图 1.20 所示，重复以上操作完成所有分割图纸定位。

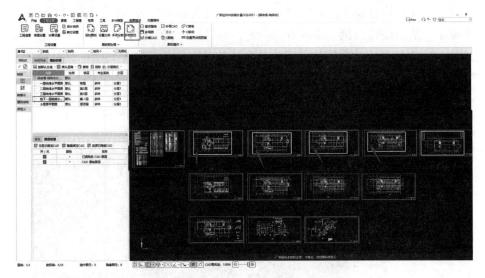

图 1.20　图纸定位

4．轴网绘制

在左侧导航栏中选择"轴网"，双击左键选择已分割好的图纸，以首层给排水平面图为例，在建模视图中选择"识别轴网"，会在图纸视图左上方出现识别选项，先选择"提取轴网"后选择图中轴网，再选择"提取标注"后选择轴网标注，最后选择"自动识别"，等待生成轴网，结果如图 1.21 所示。

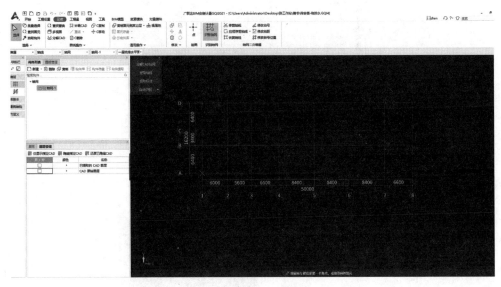

图 1.21　识别轴网

5．卫生器具绘制

在导航栏给排水下拉框选择卫生器具后，在构件列表下点击"新建卫生器具"命令，生成卫生器具后在属性栏更改属性，如洗手盆更改名称为 XSP-1（名称可自定义），材质根据设计说明修改（无说明按默认），类型修改为台式洗脸盆，其余属性按设计说明，若无说明可按默认设置。完成构件建立后点击建模工具下"设备提量"命令，如图 1.22 所示。后根据视图下方提示，选择设备图例，单击右键确定，确定后弹出图框，如图 1.23 所示。可再次核对修改属性，确定无误后点击确定完成该卫生器具识别建立。重复此操作识别其余卫生器具（若图纸提供材料设备表可点击"材料表"命令，根据提示完成构件识别）。

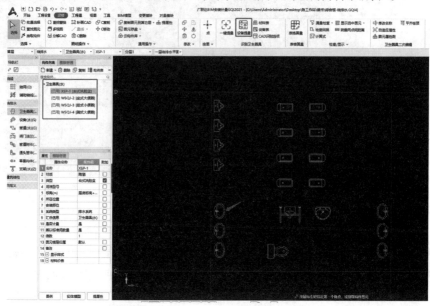

图 1.22　设备提量

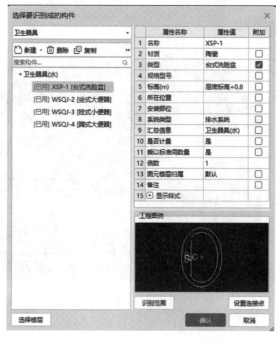

图 1.23　识别构件属性设置对话框

6. 立管绘制

给排水立管包括雨水、给水、污水等系统的立管，绘制前，需要识读相关数据，包括起始高度、系统名称、管径大小等（如给水管 JL-1，其系统名称为 JL-1，底标高是 – 1.15 m，顶标高是 14.85 m，管径为 DN65 变 DN50），其数据来源为给水平面图与给水系统原理图，如图 1.24 和图 1.25 所示。

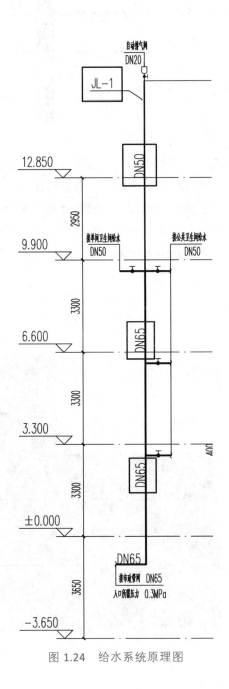

图 1.24　给水系统原理图

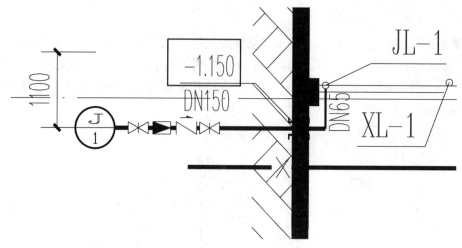

图 1.25　给水平面图

确定具体数据后，先点击导航栏里面给排水的管道选项，点击"新建管道"命令，按以上数据调整新建管道属性，调整好后点击建模下"布置立管"命令，如图 1.26 所示。如无须变径可直接输入起始点（起始点可点选楼层，也可直接输入数字，如底标高输入 − 1.15，顶标高输入 14.85），如图 1.27 所示。如需要变径则选弹出框里面的布置变径立管命令，添加不同管径及起始标高，完成输入后点击要布置的立管平面位置。按以上操作完成其余给排水立管绘制。

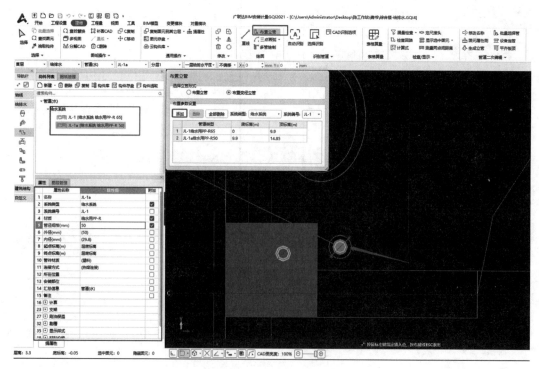

图 1.26　布置立管

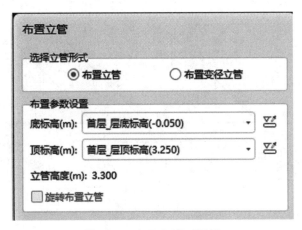

图 1.27　布置立管对话框

7. 平面管道绘制

平面管道绘制以卫生间大样为例，横管道的绘制方法分为两类。

方法一：先建立各系统不同尺寸管道构件（绘制立管已经建立，若有没包含的管径则需要新建），点击建模功能下"选择识别"命令，再根据视图下方命令提示，选择要识别的管道线，单击右键确定弹出构件属性框，选择该管线的类别及属性，如图 1.28 所示。如卫生间给水绘制，先明晰图纸，发现卫生间大样图中管道无管径标注，需在其右上角找到 JL-1 系统图获取管道尺寸，如图 1.29 所示。管道敷设高度无明确说明则按梁底敷设，明确信息后按上述方法建立不同管径管道构件，选择绘制管道构件，点击绘图功能下"直线"命令，后在图纸相应位置绘制管道（也可按段头方法识别管道，再选择图元更改构件）。

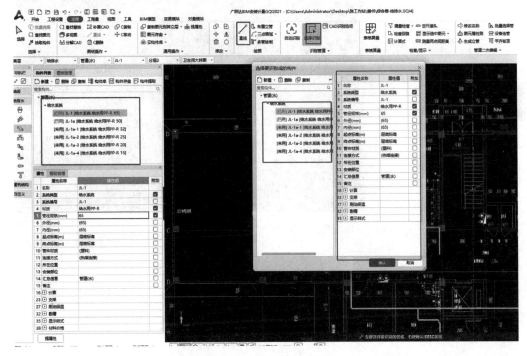

图 1.28　管道绘制设置

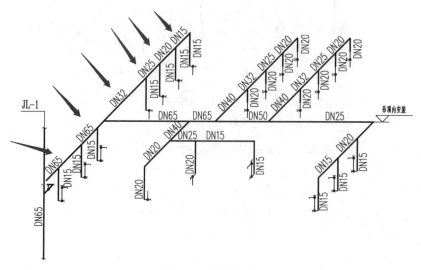

图 1.29　管道规格

方法二：如果平面图纸管道信息详尽，则可以选择"自动识别"命令，根据提示点选管道线与管道标识，单击右键确定完成管道识别，如图 1.30 所示。

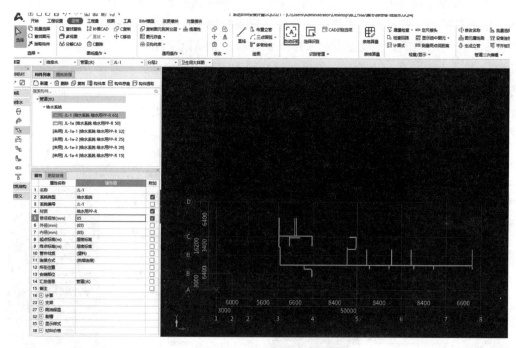

图 1.30　自动识别管道

【视频演练】

模块 1 视频演练

8. 设备连接

如设备需要连接管道，在导航栏选中"水管"功能，点击建模管道二次编辑下"设备连管"命令后，根据视图下方的提示，点选要连接的设备后右击确定，接着点选要连接的管道，再右击完成设备连管（若多层图纸一致，则可以选中整层图元，点击建模通用操作中"复制图元到其他层"命令实现层间复制），如图 1.31 所示。

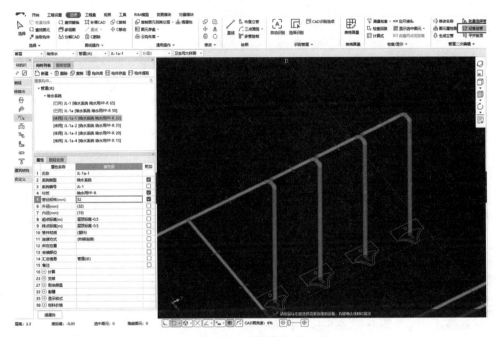

图 1.31　设备连接

3.2　GQI 工程量汇总

工程量汇总是本实训任务的成果，在工程量汇总过程中需注意以下几点：

（1）数据准备。确保在软件中输入和设置了准确的项目数据，包括楼层信息、房间属性、管道尺寸、设备参数等。这些数据是计量工作的基础。

（2）模型检查。在进行工程量汇总之前，对模型进行检查，确保所有的房间、管道、设备等元素都被正确识别和连接。检查模型时，可使用 GQI 软件的相关工具进行系统校核和分析，确保系统设计符合规范要求。

（3）工程量设置。在 GQI 软件中，进入工程量设置界面，选择需要汇总的工程量类型，如管道工程量、设备工程量等。根据项目需求，在工程量设置界面中选择合适的参数和选项，并设置相应的计量规则。

（4）工程量汇总。进行工程量汇总操作，选择工程量下"汇总计算"，选择汇总楼层，如图 1.32 所示，由 GQI 软件根据设置的计量规则和参数，自动计算和汇总各个工程量项目。软件将根据模型中的数据和设置，对每个房间、管道、设备等进行相应的计算和累加，生成汇总报表。

图 1.32 汇总计算对话框

（5）报表生成。根据需要，生成工程量汇总的报表。GQI 软件提供了丰富的报表生成功能，可以根据项目要求自定义报表格式和内容。生成的报表可以包括工程量项目清单、计量结果汇总、单位工程量计算等，如图 1.33 所示。

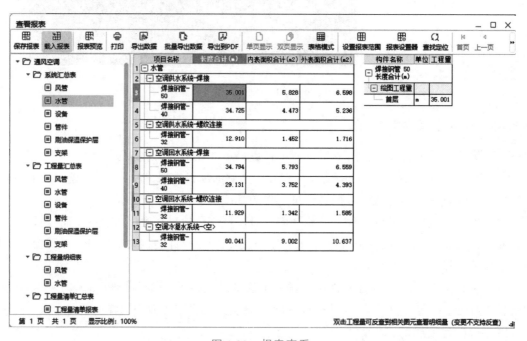

图 1.33 报表查看

（6）校对和审查。对生成的工程量报表进行校对和审查，确保计量结果准确无误。与实际项目进行对比，检查计量数据与设计要求的一致性，并进行必要的调整和修正。

（7）输出和导出。根据需要，将工程量报表输出和导出为其他格式文件，如 Excel、PDF 等，以便进一步分析、分享或提交给相关方。

在进行以上步骤时，需要注意以下几点：

（1）确保输入和设置的数据准确无误，包括房间属性、管道尺寸、设备参数等。

（2）根据项目需求，灵活选择合适的计量规则和参数。

（3）在工程量设置中，仔细检查每个工程量项目的选项和设置，确保符合实际要求。

（4）对生成的工程量报表进行仔细校对和审查，确保计量结果准确无误。

（5）在校对和审查过程中，与实际项目进行对比，确保工程量数据与设计要求的一致性。

（6）在输出和导出报表时，选择合适的格式和设置参数，确保报表的正确性和一致性。

3.3　基础知识链接

1. 室内给水系统的分类

室内给水系统的任务是将城市供水管网（或者自备水源管网）当中的水通过管道以及辅助设备输送到各个用水设备和用水点，以满足居民生活、生产和消防的要求。室内给水系统可分为生活给水系统、生产给水系统和消防给水系统。

2. 室内给水系统的组成

一般情况下室内给水系统由引入管、水表节点、给水管道、配水龙头和用水设备、给水附件、加压和贮水设备、给水局部处理设施组成，如图1.34所示。

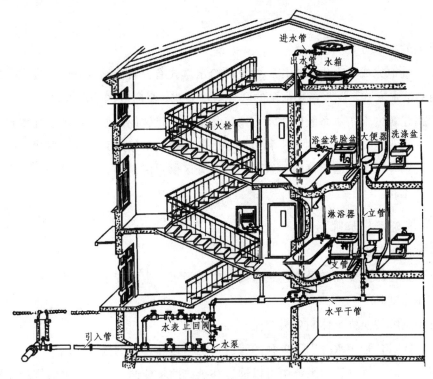

图 1.34　室内给水系统

（1）引入管。

对一幢单独建筑物而言，引入管是穿过建筑物承重墙或基础，自室外给水管将水引入室内给水管网的管段，也称进户管。对于一个工厂、一个建筑群体、一个学校区，引入管是指总进水管。

（2）水表节点。

水表节点是指引入管上装设的水表及其前后设置的阀门、泄水装置的总称。阀门用以修理和拆换水表时关闭管网；泄水装置主要用于系统检修时放空管网，检测水表精度，以及测定进户点压力值。为了使水流平稳流经水表，确保其计量准确，在水表前后应有符合产品标准规定的直线管段。水表及其前后的附件一般设在水表井中，如图1.35所示。温暖地区的水表井一般设在室外，寒冷地区为避免水表冻裂，可将水表设在采暖房间内。

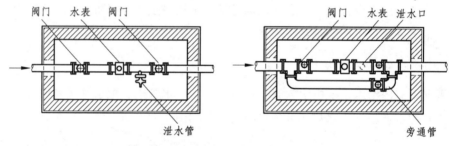

图1.35　水表节点

（3）常见的给水方式。

为保质保量地完成城市供水工作，常见的给水方式有：直接给水方式、设水泵的给水方式、设水箱的给水方式、设水箱和水泵的联合给水方式、竖向分区给水方式、气压给水方式。给水方式即指建筑内部给水系统的供水方案，是根据建筑物的性质、高度、配水点的布置情况以及室内所需水压、室外管网水压和水量等因素而决定的给水系统的布置形式。注意：考虑到经济和技术等综合原因，高层建筑采用竖向分区供水时，部分楼层的压力过大，此时管道中会设置减压阀。

3. 建筑排水工程系统识图

（1）建筑排水系统简介。

建筑排水工程的主要任务是把建筑室内的生活污水、生活废水、工业生产废水以及屋面雨水收集并排出室外。

建筑排水系统按照排水体制分为合流制和分流制。

分流制：针对各种污水分别设单独的管道系统输送和排放的排水体制。

合流制：在同一排水管道系统中可以输送和排放两种或两种以上污水的排水体制。

对于居住建筑和公共建筑，排水体制指粪便污水与生活废水的合流与分流；对于工业建筑，排水体制指生产污水和生产废水的合流与分流。

（2）建筑排水系统组成。

室内排水系统一般由卫生器具、排水横支管、立管、排出管、通气管、清通设备及某些特殊设备等部分组成，如图 1.36 所示。

（3）清通设备。

为疏通排水管道，在排水系统内设检查口、清扫口和检查井。

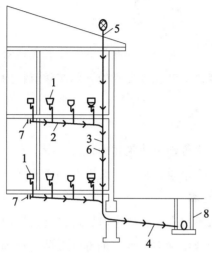

1—卫生器具；2—横支管；3—立管；4—排出管；5—通气管；6—检查口；
7—堵头（可代替清扫口）；8—检查井。

图 1.36　排水系统图

① 检查口。

检查口设在排水立管上及较长的水平管段上，如图 1.37 所示，为带有螺栓盖板的短管。检查口的安装规定是在建筑物的底层和最高层必须设置，其余每两层设置一个，当排水管采用 UPVC 管时，每 6 层设置一个，检查口的设置高度一般距地面 1.0 m。

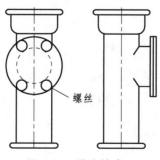

螺丝

图 1.37　排水检查口

② 清扫口。

当悬吊在楼板下面的污水横管上有 2 个及以上的大便器或 3 个及以上的卫生器具时，应在横管的起端设置清扫口，如图 1.38 所示。

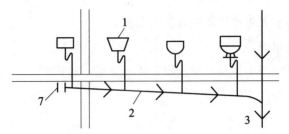

1—卫生器具；2—横支管；3—立管；7—清扫口。

图 1.38 清扫口

③ 检查井。

检查井一般设置在室外，但是对于不散发有毒气体或大量蒸汽的工业废水的排水管道，对于管道拐弯、变径处和坡度改变及连接支管处，可在建筑物内设检查井。

（4）特殊设备。

① 污水抽升设备。

在工业与民用建筑的地下室等地下建筑物中，污（废）水不能自流排至室外排水管道，需设置水泵和集水池等局部抽升水泵，将污（废）水抽送到室外排水管道中。

② 污（废）水局部处理设备。

建筑物排出的污（废）水不符合排放要求时，可以进行局部处理，如用沉淀池去除固体物质，隔油池回收油脂，中和池中和酸碱性，消毒池灭菌消毒等。

4 成果评价

学生根据实训过程，按表 1.2 对本实训项目进行整体评价。

表 1.2　实训成果评价表

评价项目	内容
自我评估、反思，以及能力提升情况	对实训过程中自我能力提升情况的评估
	对实训过程中优点和不足的反思分析
	个人技能、知识和能力的成长和提升情况
自我评价：	
针对计量结果和清单进行评价和反馈	对实训项目计量结果的准确性进行评价
	对计量清单的完整性和规范性进行评价
	给出改进建议和反馈以提高计量效果
自我评价：	
探讨实训中遇到的问题和解决方法	列出实训过程中遇到的问题和困难
	提供解决问题的方法和策略
	讨论在解决问题过程中的学习和成长
自我评价：	
总结实训经验，提出改进和建议	总结实训过程中的收获和经验
	提出改进实训方案的建议和想法
	对实训教学方法、资源和环境的建议
自我评价：	
其他评价	实训成果展示的质量和呈现方式评价
	团队合作和沟通能力的发展情况
	专业素养和职业道德的表现与提升
自我评价：	

BIM

模块 2
消防与喷淋工程计量

1 任务布置

1.1 实训目标

（1）能够熟练识读消防专业工程施工图。

（2）能够依据图纸使用软件计算消防专业工程量。

（3）了解消防的系统原理。

（4）了解消防工程常用材料和工程项目组成。

（5）熟悉消防系统中的相关图例。

（6）掌握比例尺应用原理。

（7）掌握消防工程量清单的编制步骤、内容、计算规则及其格式。

1.2 介绍实训任务和要求

本次实训任务的主要内容是根据提供的综合楼给排水图纸，通过 GQI 软件进行工程量计算。学生需要按照指定的步骤和要求，完成以下任务：

（1）读总图，理清建筑的平面布局、功能分区、高度、形式等基本信息，以及建筑与周边环境的关系。

（2）读图纸设计说明、图例以及目录，设计说明和图例是一种反映消防系统的设计内容、参数、标识等的文字和符号，它是消防工程设计的补充和说明，也是消防工程施工和验收的重要依据。图纸包括有设计说明（详见图纸水施-01 ~ 水施-03）、设备材料清单（详见图纸水施-03）、平面图（详见图纸水施-04 ~ 水施-13）、系统图（详见图纸水施-14、水施-15）。

（3）查看消防工程的分类及系统走向，确定室内外管道界限的划分，消防工程管道材质的种类（详见图纸水施-01 ~ 水施-03）；熟悉消火栓系统和自动喷淋系统的平面走向、位置（详见图纸水施-04 ~ 水施-13）；分别查明消火栓系统和自动喷淋系统的干管、排水干管、立管、横管、支管的平面位置与走向，确定管道是否需要进行水压试验，消毒冲洗及管道刷油防腐（详见图纸水施-05 ~ 水施-07）。

（4）查找消防工程中管道支架布置方式及刷油防腐方式。

（5）确定消防工程中阀门及泵的种类，数量、安装位置（详见图纸水施-03、水施-04、水施-07）。

（6）按照现行工程量清单计价规范，结合消防专业工程图纸对消火栓和喷淋系统的管道、管道支架、阀门等清单列项，并核对清单项目编码、项目名称、项目特征。

实训要求：对消火栓系统和自动喷淋灭火系统图纸表达内容进行完整的建模计量，并完成计量文档，提交有效的计量工程文件和计量文档。

1.3　实训图纸和设计要求

本工程项目名称为综合楼，给排水施工图共 15 张，主要包括：给排水设计总说明、图例、地下室—顶层给排水平面图、卫生间大样图、给排水系统原理图等。

CAD 图纸请扫二维码获取。

模块 2 实训图纸

1.4　实训过程中的注意事项和安全规范

1．注意事项

（1）在绘制模型之前，要仔细阅读设计说明和相关规范，了解消防安装工程的基本要求和标准。

（2）在使用 GQI 软件时，要注意选择正确的构件类型和规格，避免出现错误或遗漏。

（3）在使用不同的绘制方法时，要根据图纸的规范和清晰度进行选择，不能盲目使用自动识别功能，要及时检查识别结果并进行修改。

（4）在进行智能计算时，要严格检查危险等级、管道材质、管径识别方法等参数的设置，以保证计算结果的准确性。

（5）在核对工程量清单时，要注意与 CAD 图纸进行对比，发现差异时要分析原因并调整。

2．安全规范

（1）遵守实验室的管理制度和操作规程，不得随意移动或拔插电源线、网线等设备。

（2）注意保存好数据文件，避免因为意外断电或系统崩溃而造成数据丢失。

（3）注意保护好个人信息和版权信息，不得泄露或复制他人的数据文件或图纸文件。

（4）注意避免眼睛疲劳和颈椎劳损，每隔一段时间要适当休息和活动。

（5）如果遇到自己无法解决的问题，应及时向老师寻求帮助，不得随意操作，以免造成数据错误或设备损坏。

2　任务分析

2.1　消火栓与自动喷淋系统的计量要求和重要性分析

1．计量要求

消火栓系统与自动喷淋系统的计量要求是指在进行消防专业工程计量时，应遵循的原则、方法、规范和标准，以保证计量结果的正确性、合理性和一致性。消火栓系统与自动喷淋系统的计量要求主要包括以下几方面：

（1）消火栓系统的计量要求。

消防水泵：根据消防水泵的型号、流量、扬程等参数进行计量，包括水泵本体和相关附件等.

消火栓管道：根据消火栓系统的管道长度、直径、材料等参数进行计量，包括管道阀门、接头等。

消火栓：根据消火栓系统所需消火栓数量、类型等参数进行计量。

控制设备：包括消防水泵控制器、消火栓阀门控制器等控制设备。

（2）自动喷淋系统的计量要求。

喷淋器：根据自动喷淋系统所需的喷淋器数量、型号等参数进行计量，包括喷淋器本体和相关附件等。

喷淋器支架和管道：根据自动喷淋系统的布置要求，对支架和管道的尺寸、材料等参数进行计量。

控制设备：包括自动喷淋系统的控制器、传感器、报警器等控制设备等。

水源设备：包括供水设备、水泵等。

2. 计量范围和界限

计量范围是指需要进行计量的消防专业工程项目或部分项目。计量界限是指计量范围内各个项目或部分项目之间的划分。计量范围和界限应根据设计图纸、合同约定、施工现场等确定，并与相关方协商一致。

3. 计量依据和标准

计量依据是指进行消防专业工程计量时所参考的设计图纸、设备材料清单、施工记录、验收报告等文件资料。计量标准是指进行消防专业工程计量时所遵循的定额、规范、规则等。计量依据和标准应完整、有效、准确，并与相关方确认无误。

4. 计量项目和内容

计量项目是指消防专业工程中按照不同的设备、管道、器件等划分的具体工作内容，如消火栓箱安装、消火栓管道安装等。计量内容是指每个计量项目中所包含的具体工作细节，如消火栓箱规格、型号、数量等。计量项目和内容应根据设计图纸、定额等确定，并与相关方核对无误。

5. 计量方法和步骤

计量方法是指进行消防专业工程计量时所采用的具体技术手段，如手工测算、软件测算等。计量步骤是指进行消防专业工程计量时所遵循的具体操作流程，如识读图纸、识别构件、匹配定额等。计量方法和步骤应根据实际情况选择合适的方式，并按照规范要求执行。

6. 消火栓与自动喷淋系统的计量重要性

进行消防专业工程计量对于保障消防安全和促进消防发展具有重大意义。消火栓系统与自动喷淋系统的计量重要性主要体现在以下几方面：

（1）为消防设计提供数据支持。如确定水源需求、水压需求、管道布置等，从而提高消防设计的科学性和合理性。

（2）为消防施工提供技术指导。如确定施工顺序、施工方法、施工质量等，从而提高消防施工的效率和质量。

（3）为消防验收提供评价依据。如确定验收标准、验收程序、验收结果等，从而提高消防验收的公正性和权威性。

（4）为消防管理提供信息参考。如确定管理责任、管理措施、管理效果等，从而提高消防管理的规范性和有效性。

（5）为消防投资提供经济保障。如确定投资预算、投资结算、投资回报等，从而提高消防投资的合理性和效益。

2.2 消火栓与自动喷淋系统图纸和相关标识符号分析

1. 消防与喷淋系统图纸分析

本实训选择综合楼建筑项目，依托工程是一栋单体办公建筑，建筑高度为 10.350 m，地下 1 层，地上 3 层，结构形式为框架结构。

本套图纸属于给排水专业，施工图共 15 张，主要包括：给排水设计总说明、图例、地下室—顶层给排水平面图、卫生间大样图、给排水系统原理图等。

2. 阅读设计说明

找到消防系统相关信息，本工程消防系统包括消火栓系统和消防喷淋系统。记住消防设计说明所在位置并了解大概图例内容，以便后续计算。

3. 工程概况

工程概况是指工程的一些基本信息，本工程消火栓系统及自动喷淋系统工程在给排水工程图纸中，其工程概况如图 2.1 所示。

2 工程概况

2.1 工程名称：四川灵雨科技有限公司建设项目。子目名称：综合楼。

2.2 建设单位：四川灵雨科技有限公司。建设地点：四川省成都市新都区。

2.3 项目概况：本工程内容包含地上 3 层，地下 1 层，建筑高度为 10.35 m，总建筑面积 3 937.68 m^2，耐火等级为二级，结构形式为框架结构，抗震设防烈度为 7 度，属于多层公共建筑。

图 2.1　综合楼给排水工程概况

4. 设计依据

设计依据是指施工图设计过程中采用的相关依据，主要包括建设单位提供的设计任务书，政府部门的有关批文、法律、法规，国家颁布的相关规范、标准。本工程消火栓系统和自动喷淋系统设计采用的标准、规范如图 2.2 所示。

图 2.2 综合楼给排水工程设计依据

5. 设计范围

本工程设计范围如图 2.3 所示。

图 2.3 综合楼给排水工程设计范围

6. 设计参数

本工程设计参数如图 2.4 所示。

7. 室内消火栓给水系统

本工程室内消火栓给水系统设计参数如图 2.5 所示。

8. 自动喷淋系统

本工程自动喷淋系统设计参数如图 2.6 所示。

4 设计参数

4.1 本单体由市政水压供给，系统工作压力为0.30 MPa。

4.2给排水系统

生活用水定额：按照40 L/（人·d），用水时间8 h，时变化系数为1.5。最大时生活用水量：12.16 m³/h；

最高日生活用水量：64.84 m³/d。最大时生活污废水排放量：10.34 m³/h；最大日生活污废水排放量：58.36 m³/d。

4.3 消防给水系统(本栋建筑)

本工程消防给水系统设计参数见表4-1

消防给水系统设计参数

系统类别	设计水量/(L/s)	火灾延续时间/h	设置部位	一次消防用水量/m³
室外消火栓系统	30	2	室外	216
室内消火栓系统	15	2	单体内	108
自动喷水灭火系统	30	1	单体内	108
合计	—	—		504

图 2.4　综合楼给排水工程设计参数

9.2 室内消火栓给水系统

9.2.1 系统概况

本工程采用临时高压系统。竖向不分区，保证消火栓系统栓口压力不应大于0.50 MPa；其他区域的消火栓采用普通型消火栓。消防泵房设于1号教学实验楼地下室内，设置324 m³消防水池及一组消火栓给水加压泵。

在1号教学实验楼屋顶水箱间设有消防水箱，有效储水容积为18 m³，保证灭火初期消防供水。消防水箱间设置消火栓系统增压稳压设备。

本项目室内消火栓栓口动压不小于0.25 MPa，消火栓的充实水柱不小于10 m。

图 2.5　综合楼消火栓给水系统设计参数

10 自动灭火系统

10.1 自动灭火系统：本工程设置自动喷淋系统，均采用湿式系统。自动喷淋系统压力超过0.40 MPa的配水管入口上设置减压孔板。火灾危险等级按照中危险 I 级火灾设计，其设计喷水强度为6 L/min·m²，作用面积160 m²。

系统设计流量为40 L/s；本系统不分区，在1号教学实验楼地下室消防水泵房内设一组喷淋泵，喷淋泵流量为40 L/s，火灾持续时间为1 h。与消火栓系统共用屋顶水箱，保证火灾初期灭火用水。

图 2.6　综合楼自动灭火栓系统工程设计参数

9. 建筑灭火器配置

本工程建筑灭火器设计参数如图 2.7 所示。

11 建筑灭火器配置

本工程所有区域按规范设置磷酸铵盐干粉灭火器，具体位置和数量见图。

11.1 本工程灭火器配置按中危险级考虑，火灾种类为A类。电气设备房按中危险级考虑，火灾种类为E类。A类中危险级场所每具灭火器最小配置级别为2A，手提式灭火器最大保护距离为20 m，E类中危险级场所每具灭火器最小配置级别为55B，手提式灭火器最大保护距离为12 m。电气设备房中灭火器采用MF/ABC5手提式磷酸铵盐干粉灭火器，其余房间灭火器采用MF/ABC3。具体位置及数量详见各层给排水平面布置图。

11.2 灭火器的摆放应稳固，其铭牌应朝外。手提式灭火器宜设置在灭火器箱内或挂钩、托架上，其顶部离地面高度不应大于1.50 m；底部离地面高度不宜小于0.08 m。灭火器箱不得上锁。

图 2.7　综合楼建筑灭火器设计参数

10. 给排水抗震设计

本工程给排水抗震设计说明如图 2.8 所示。

15 给排水抗震设计说明

15.1 本工程抗震设防烈度为7度，为防止地震时给排水管道系统及消防管道系统失效或跌落造成人员伤亡及财产损失，根据《建筑抗震设计规范》（GB 50011-2010)第1.0.2条、第3.7.1条及《建筑机电工程抗震设计规范》（GB 50981-2014）第1.0.4条等强制性条文，应对机电管线系统进行抗震加固。本项目对直径≥DN65的管道设置抗震支吊架，且此项目抗震支吊架产品需通过FM认证，与混凝土、钢结构、木结构等须采取可靠的锚固形式，具体深化设计由专业公司完成。抗震支吊架的设置原则为：新建工程刚性管道侧向抗震支撑最大设计间距12 m，纵向抗震支撑最大设计间距24 m，柔性管道上述参数减半；（为保证抗震系统的整体安全性，对长度低于300 mm的吊杆，也建议进行适当的补强）；最终间距根据现场实际情况在深化设计阶段确定。所有产品需满足《建筑机电设备抗震支吊架通用技术条件》(CJ/T 476-2015)的规定。

图 2.8　综合楼给排水抗震设计说明

11. 给排水、消灭栓原理图

识读给排水、消火栓系统原理图（详见图纸水施-4），可以发现：消火栓系统自地下室消防水泵房接出，以消火栓立管（XL-1，XL-2，XL-3，XL-4）连接地下室、一层、二层、三层、屋顶和高位消防水箱；每层设置至多 4 个消防供水；室内消火栓按《室内消火栓安装》（15S202）安装，栓口离地面高度为 1.10 m。

自动喷淋系统由室外消防管网接入地下室消防水泵房，然后由消防水泵房接出至地下室自动喷淋系统干管，以自动喷淋系统立管 ZPL-1 连接地下室、一层、二层、三层和高位消防水箱。每个房间按喷头作用面积进行设计覆盖。

12. 消火栓系统和自动喷淋系统

本工程消火栓系统和自动喷淋系统的图例如图 2.9 所示。室内消火栓给水系统的设备及材料如图 2.10 所示。

止回阀			电接点压力表			
消声止回阀			温度计			
减压阀			喇叭口	平面:◎	系统:△	
倒流防止器			普通圆形地漏	平面:●	系统:Y	
信号阀			P型存水弯/S型存水弯			
浮球阀	平面:+○	系统:○	87式雨水斗	平面:⊕YD	系统:↑	
遥控浮球阀			侧入式雨水斗	平面:	系统:	
湿式报警阀	平面:◉	系统:	检查口			
水流指示器			塑料通气帽	↑		
自动排气阀	平面:⊙	系统:	清扫口	平面:⊕	系统:T	
真空破坏器			管堵			
弹簧安全阀			刚性防水套管/钢套管			
Y型过滤器			柔性防水套管			
泄压阀			两侧防护密闭套管			
水锤平衡安全阀			柔性橡胶接头			
角阀			偏心异径管			
普通水龙头	平面:→	系统:→	同心异径管			
自闭冲洗阀			波纹管/金属软管			

图 2.9　消火栓系统和自动喷淋系统图例

四	室内消火栓给水系统				
1	薄型单栓带消防软管卷盘	型号：SG18E65Z-J	套	若干	15S202
	组合式消防柜	尺寸：1 800 mm×650 mm×180 mm			
		内配消火栓，衬胶水龙带:L=25 m,水枪:ϕ19, 消防软管卷盘，报警按钮1个。			
	试验用消火栓箱	型号：SG24A65-J	套	1	15S202
		尺寸：800 mm×650 mm×240 mm			
		内配消火栓，衬胶水龙带:L=25 m,水枪:ϕ19, 报警按钮1个。			
2	明杆闸阀	Z41W-10Q DN100	个	若干	
3	明杆闸阀	Z41W-10Q DN65	个	若干	试验消火栓前
4	立式自动排气阀	ARSX-0013 DN20	个	若干	
5	内外镀锌钢管	DN100/DN65	m	若干	
五	建筑灭火器系统				
1	手提式磷酸铵盐灭火器	MF/ABC3	具	若干	
		MF/ABC5	具	若干	

图 2.10　室内消火栓给水系统设备及材料

13. 消火栓系统和自动喷淋系统平面图

消火栓系统平面图主要表达管道、设备的平面布置情况和有关尺寸，主要内容包括：

（1）以双线绘制出的消防水管、异径管、弯头、消防水箱、消防泵、消火栓箱、消防栓、阀门等，在图面上，水管一般为粗线，设备、消火栓箱和阀门管件为细线。

（2）水管及消火栓箱尺寸（圆形水管标注管径，矩形水管标注宽×高）。

（3）各部件的名称、规格、型号、外形尺寸、定位尺寸等。

（4）消火栓系统编号，消防水源的位置和类型等。

在本工程图纸中，消火栓系统平面图主要包括地下室消火栓系统平面图、一层至三层消火栓系统平面图。

在看平面图前，应先了解建筑物楼层、建筑功能、室内外地面标高等信息，有基本概念后再进一步了解消火栓系统设置情况和一些基本参数，这些可以在设计说明、消防设备表中提取。了解以上基本情况对于下一步的识图有很大的帮助。在水管平面图中，消防泵房、水井部位需要给予关注，因为水井还牵涉到上下楼层的平面，而消防泵房部位则由于消防泵的安装往往存在比较复杂的空间关系。在水管平面图中，识图的目的是了解消火栓系统的组成和管线走向、水井的位置、管径大小、设备的位置、相关阀门管件的位置等。

图 2.11 为一层消火栓系统平面图的局部，因为该部位是办公区域部位，因而水管比较简单，消火栓系统的设置和参数可以通过消火栓系统表了解。在平面图中，水管的走向和管径、设备位置、消火栓箱位置比较直观，但还应注意水管在穿过房间隔墙、进出设备或水管交叉

时图面上标示的相关部件。

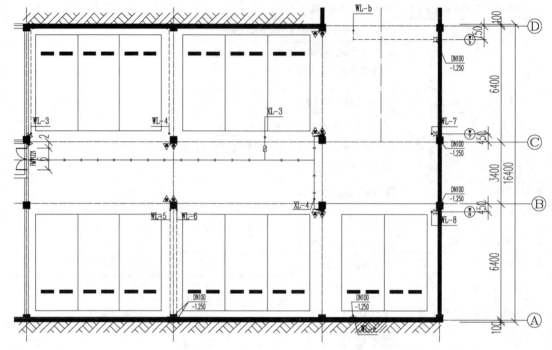

图 2.11   综合楼一层消火栓系统局部平面图

自动喷淋系统平面图主要表达管道、设备的平面布置情况和有关尺寸，主要内容包括：

（1）以双线绘制出的喷淋水管、异径管、弯头、报警阀、检测阀、压力开关、喷头等，在图面上，水管一般为粗线，设备、喷头和阀门管件为细线；

（2）水管及喷头尺寸（圆形水管标注管径，矩形水管标注宽×高）；

（3）各部件的名称、规格、型号、外形尺寸、定位尺寸等；

（4）喷淋系统编号，喷淋区域的范围和类型等。

在本工程图纸中，自动喷淋系统平面图主要包括地下室自动喷淋系统平面图、一层至三层自动喷淋系统平面图。

在看平面图前，应先了解建筑物楼层、建筑功能、室内外地面标高等信息，有基本概念后再进一步了解自动喷淋系统设置情况和一些基本参数，这些可以在设计说明、消防设备表中提取。了解以上基本情况对于下一步的识图有很大的帮助。在水管平面图中，报警阀房、检测阀房部位需要给予关注，因为这些部位是自动喷淋系统的重要组成部分，而且往往存在比较复杂的空间关系。在水管平面图中，识图的目的是了解自动喷淋系统的组成和管线走向、喷淋区域的划分、管径大小、设备的位置、相关阀门管件的位置等。

图 2.12 为二层自动喷淋系统平面图的局部，因为该部位是会议室区域部位，因而水管比较简单，自动喷淋系统的设置和参数可以通过自动喷淋系统表了解。在平面图中，水管的走向和管径、设备位置、喷头位置比较直观，但还应注意水管在穿过房间隔墙、进出设备或水管交叉时图面上标示的相关部件。

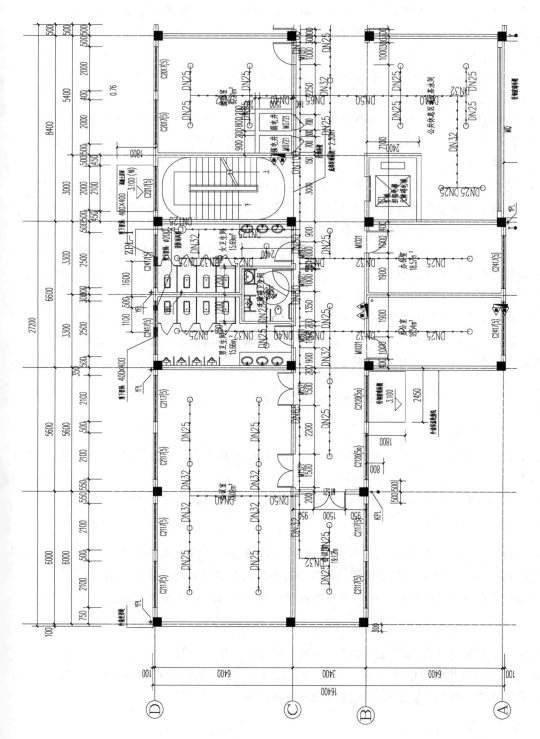

图 2.12 综合楼二层自动喷淋系统局部平面图

2.3 GQI 软件在消火栓与自动喷淋系统计量中的应用优势

GQI 软件是一款专业的建筑安装工程智能计量软件，它可以对各种安装专业工程进行快速、准确、全面的计量，并生成相应的报表和文档。GQI 软件在消火栓系统与自动喷淋系统计量中具有以下优势：

（1）可以直接读取 CAD 图纸文件，并自动识别出各种构件类型和规格。这样可以节省人工测量和录入的时间和精力，避免人为的错误和遗漏，提高计量的效率和准确性。

（2）可以根据不同层次和区域进行分项、分部、分组、分层、分区、分段的计量，并自动汇总统计。这样可以方便地对消火栓系统与自动喷淋系统进行细致的分类和分析，满足不同需求和目的，提高计量的全面性和灵活性。

（3）可以根据不同标准和规范进行定额匹配，并自动调整人材机费率。这样可以保证消火栓系统与自动喷淋系统的计量结果符合行业规范和市场行情，避免因为定额或费率的不合理而导致的争议或损失，提高计量的合理性和公正性。

（4）可以根据不同需求进行智能计算，并自动检测错误和遗漏。这样可以利用软件的强大功能和智能算法，对消火栓系统与自动喷淋系统进行多角度、多维度、多层次的计算，发现并解决计量过程中可能出现的问题，提高计量的科学性和可靠性。

（5）可以生成各种格式和样式的清单和报表，并支持导出打印。这样可以根据不同对象和场合，选择合适的清单和报表形式，展示消火栓系统与自动喷淋系统的计量结果，方便交流和沟通，提高计量的可视化和实用性。

2.4 消火栓系统与自动喷淋系统的算量计算方法和步骤

1. 确定系统参数

确定消火栓系统和自动喷淋系统的设计要求，包括建筑类型、危险等级、防火分区、供水方式等。

确定消火栓系统和自动喷淋系统的工作参数，如供水压力、流量、水源数量等。

2. 消防管道的算量计算

确定消防管道的布置和路径，对图纸中的标识符号和尺寸信息进行识别。

使用 GQI 软件的消防管道定量计算功能，计算消防管道的长度、面积和数量。

根据系统参数和设计要求，计算消防管道的尺寸、材料用量和安装工作量。

3. 消防设备的算量计算

确定消防设备的位置和种类，如消火栓箱、喷淋泵、报警阀等。

利用 GQI 软件提供的消防设备定量计算功能，计算消防设备的数量和容量。

根据设备的规格和性能要求，确定所需的消防设备型号和参数。

4. 喷头的算量计算

确定喷头的位置和种类，如平板式、挂顶式、旋转式等。

使用 GQI 软件的喷头定量计算功能，计算喷头的数量和规格。

根据喷头的功能和性能要求，确定所需的型号和参数。

5. 材料的算量计算

利用 GQI 软件的材料计算功能，计算所需的管件、阀门、支架等材料的用量和规格。

根据系统参数和设计要求，确定所需材料的种类、尺寸和数量。

6. 生成设备清单和材料清单

根据算量计算结果，利用 GQI 软件生成消火栓系统和自动喷淋系统的设备清单和材料清单。

清单中应包括设备的型号、规格和数量，以及材料的规格和用量。

3　任务实施

3.1　模型创建

1. 创建项目

打开 GQI 软件，点击"新建工程"，将工程名称命名为"综合楼-消火栓与自动喷淋系统"，在工程专业里面选择"消防"，计算规则选择"工程量清单项目设置规则（2013）"，清单库选择"工程量清单项目计量规范（2013-四川）"，定额库选择"四川省通用安装工程量清单计价定额（2020）"，完成后点击"创建工程"，进入建模界面，如图 2.13 所示。

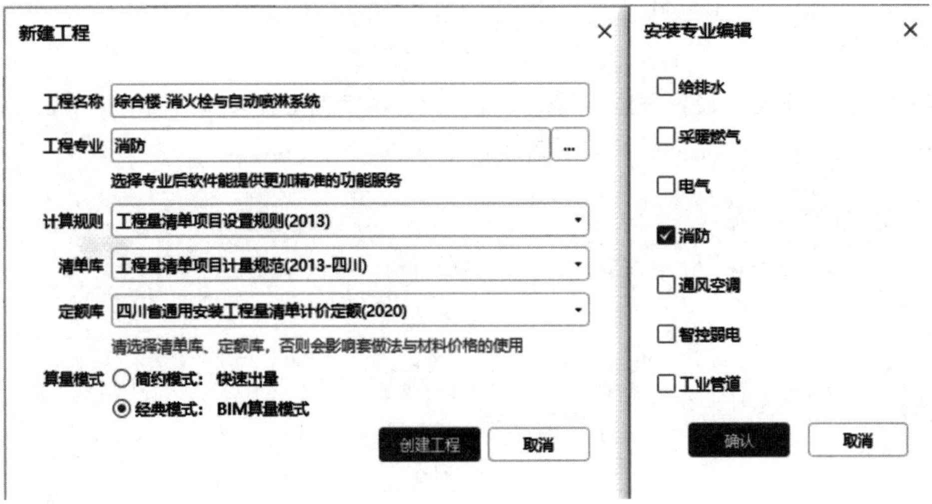

图 2.13　新建工程

2. 修改基础设置

进入软件界面后首先对工程信息、楼层设置、计算设置进行输入和修改，如图 2.14 所示。

图 2.14　设置工程信息

消防与喷淋工程楼层设置方法与其他专业一致，本案例工程参照前面给排水工程楼层设置方法进行，各楼层设置完毕后，如图 2.15 所示。

首层	编码	楼层名称	层高(m)	底标高(m)	相同层数	板厚(mm)	建筑面积(m2)	备注
☐	4	屋顶层	3.3	9.85	1	120		
☐	3	第3层	3.3	6.55	1	120		
☐	2	第2层	3.3	3.25	1	120		
☑	1	首层	3.3	-0.05	1	120		
☐	-1	第-1层	3.65	-3.7	1	120		
☐	0	基础层	1	-4.7	1	500		

1.如果标记为首层，则标记层为首层，相邻楼层的编码自动变化，基础层的编码不变；
2.基础层和标准层不能设置为首层；设置首层标志后，楼层编码自动变化。编码为正数的为地上层，编码为负数的为地下层，基础层编码为0，不可改变。

图 2.15　楼层设置

单击工程设置面板中的"计算设置"命令，弹出"计算设置"对话框，如图 2.16 所示，软件内置信息是按照国家相应规范进行设置，一般情况不做修改。

图 2.16　计算设置

3. 导入图纸并处理

（1）在"图纸预处理"工作面板中，单击"添加图纸"命令，在弹出的"添加图纸"对话框中，找到图纸存放位置，如图 2.17 所示。

图 2.17　导入图纸

选中"综合楼-给排水",点击"打开"命令,将综合楼给排水施工图导入软件中,如图 2.18 所示。

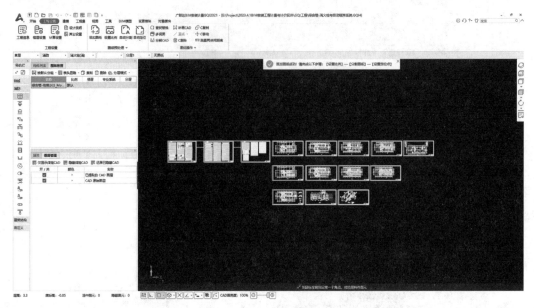

图 2.18　导入图纸

（2）在"图纸预处理"工作面板中,单击"设置比例"命令,根据状态栏的文字提示,先框选需要修改比例的 CAD 图元（此处以 1 轴和 2 轴尺寸标注为例）,单击右键确认,选取该尺寸标注的起始点和终点,再单击鼠标右键,在弹出的"尺寸输入"对话框中可以看到量取长度为 6 000 mm,与标注一致,表明比例尺正确,单击"确定"命令即可,如图 2.19 所示。若对话框显示量取的尺寸与标注不一致,则输入正确标注尺寸,单击"确定"即可。

图 2.19　设置比例

（3）随后进行图纸分割定位，具体操作方法与模块 1 的图纸分割定位操作一致。其定位点同样选取轴线 1 和轴线 A 的交点，各楼层配置好分割定位好的图纸后，如图 2.20 所示。

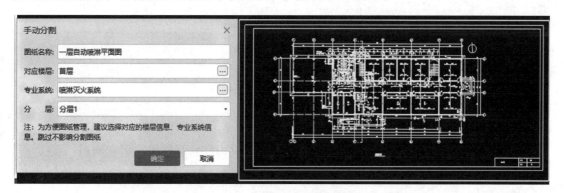

名称	比例	楼层	专业系统	分层
综合楼-给排水t3_Model	默认			
地下一层自动喷淋平面图	默认	第-1层	喷淋灭火系统	分层1
一层自动喷淋平面图	默认	首层	喷淋灭火系统	分层1
二层自动喷淋平面图	默认	第2层	喷淋灭火系统	分层1
三层自动喷淋平面图	默认	第3层	喷淋灭火系统	分层1
地下一层给排水平面图	默认	第-1层	消火栓灭火...	分层2
一层给排水平面图	默认	首层	消火栓灭火...	分层2
二层给排水平面图	默认	第2层	消火栓灭火...	分层2
三层给排水平面图	默认	第3层	消火栓灭火...	分层2
屋顶层给排水平面图	默认	第4层	消火栓灭火...	分层2

图 2.20　分割定位后图纸管理对话框

（4）分割图纸完成后进行图纸名称、楼层选择、专业系统和分层的选择（对于分割之后名称不正确的图纸，可在框选图纸进行分割操作后鼠标左键单击 CAD 图纸名称，软件会自动识别相应信息，若仍然不正确需手动更改），如图 2.21 所示。

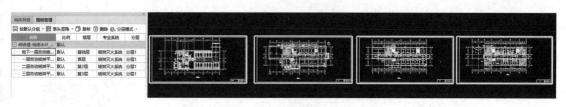

图 2.21　图纸楼层归属

完成一个专业的图纸分割之后，成果如图 2.22 所示。

图 2.22　图纸分割成果

（5）进行图纸的定位，点击工程设置选项栏中自动定位功能，软件会自动对已分割的图纸进行定位，如图 2.23 所示。

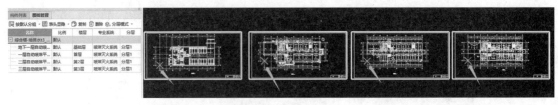

图 2.23 图纸定位

若部分图纸定位点不一致,点击自动定位功能下方按钮,选择手动定位功能,对定位点异常的图纸进行更改。

(6)定位结束,进行模型的建立,点击图纸管理中需要进行建模的楼层,如图 2.24 所示。

名称	比例	楼层	专业系统	楼层编号
⊟ 综合楼-给排水t3_Model	默认			
— 地下一层自动喷淋平面图	默认	基础层	喷淋灭火系统	0.1
— 一层自动喷淋平面图	默认	首层	喷淋灭火系统	1.1
— 二层自动喷淋平面图	默认	第2层	喷淋灭火系统	2.1
— 三层自动喷淋平面图	默认	第3层	喷淋灭火系统	3.1

图 2.24 建模楼层选择

自动喷淋系统建模顺序通常为轴网→个数构件(喷头等)→长度构件(管道等)→零星构件(阀门、法兰、水流指示器等)。

注:要对所见构件进行修改,只能在导航栏选中相应构件之后才能操作(例:导航栏在轴网处时不能对其他任何构件进行修改和选中),还可以使用构件名称后面的大写字母对构件进行显示和隐藏。

4. 自动喷淋系统模型建立

(1)识别轴网。

点击导航栏中轴线工具栏,选择"轴网"功能,点击建模选项中"识别轴网"功能,如图 2.25 所示。点击提取轴线,再用鼠标左键单击 CAD 轴线图层,右键确认,如图 2.26 所示。

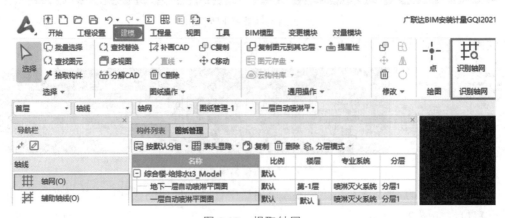

图 2.25 提取轴网

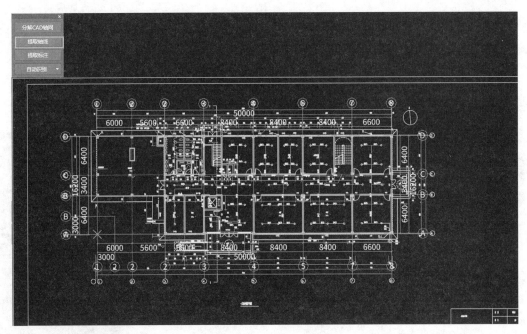

图 2.26　识别轴网

　　点击"提取标注"，再用鼠标左键单击 CAD 图纸尺寸标注图层，右键确认，如图 2.27 所示。

　　提取参数结束后点击"自动识别"，生成轴网（若生成轴网有误或者参数不正确需要手动建立或修改参数）。

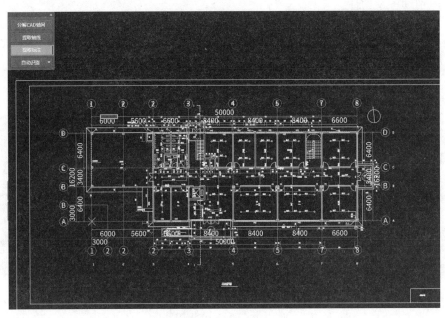

图 2.27　识别轴网

（2）更改识别错误的轴网。

点击导航栏中轴网工具栏中"轴网"功能，在其右侧构件列表中找到生成的轴网，双击左键进行轴网的修改，如图 2.28 所示。

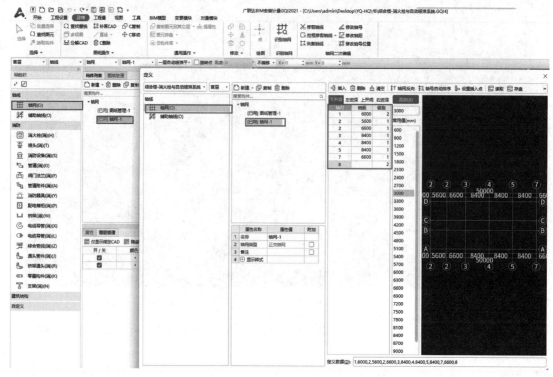

图 2.28　错误轴网修改

（3）识别设备及构件。

点击导航栏中消防工具栏选择"喷淋"功能，选项栏中点击建模选项中"设备提量"功能，选择喷淋 CAD 图层，右键确认，如图 2.29 所示。

出现构件参数设置对话框，点击"新建喷头"，进行参数设置，点击确认，如图 2.30所示。

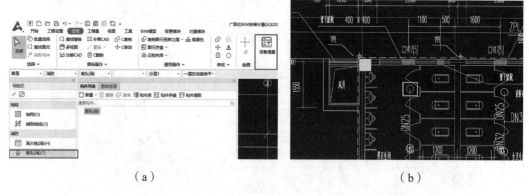

（a）　　　　　　　　　　　　（b）

图 2.29　喷淋喷头识别

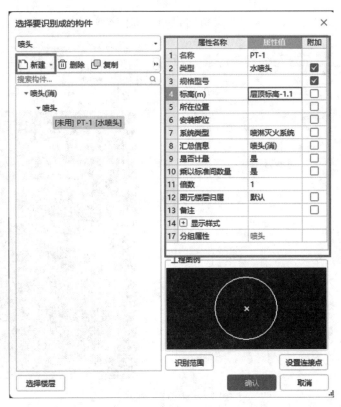

图 2.30　喷头类型及参数设置

通过软件下方 CAD 图亮度来查看和检查图元是否建立完整，如图 2.31 所示。

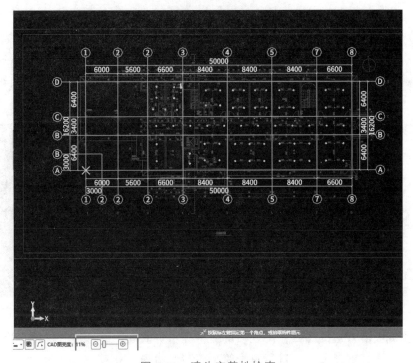

图 2.31　喷头完整性检查

对于构件未生成的位置，需要手动进行点布，如图 2.32 所示。

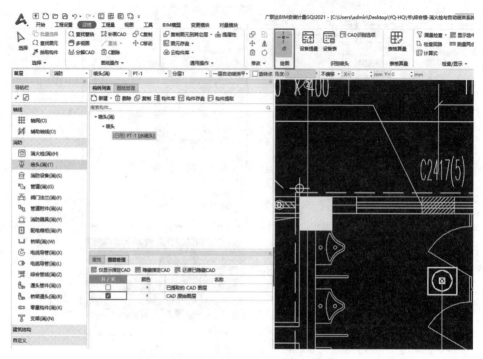

图 2.32　漏建构件点布

（4）识别长度构件。

点击导航栏中消防工具栏选择"管道"功能，点击建模选项中"喷淋提量"功能，如图 2.33 所示。

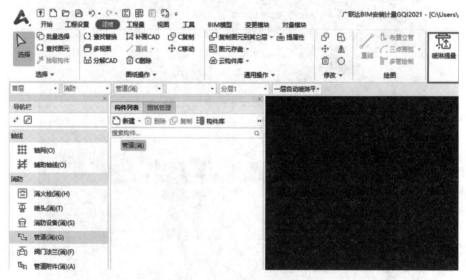

图 2.33　喷淋管道提量

框选要生成喷淋管道的图纸，出现喷淋提量提示对话框，进行管道材质、管道标高、危险等级的设置，选择管道分区，进行整个管道回路的检查，查看是否有漏建、多建、错建的情况，若存在可利用喷淋提量对话框中修改、多选、补画功能进行更正，确认无误后点击"生成图元"，如图 2.34 所示。

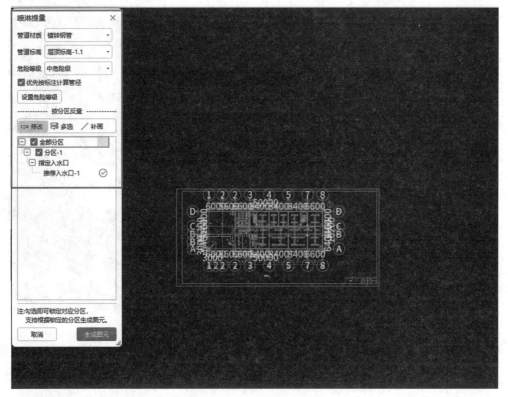

图 2.34　喷淋管道提量

生成管道后如图 2.35 所示。

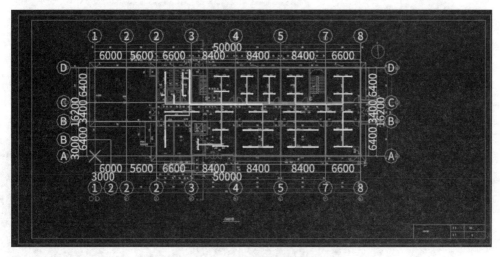

图 2.35　喷淋管道完成建立

水平管布置完成后进行立管的布置，根据系统图确定立管的尺寸，如图 2.36 所示。

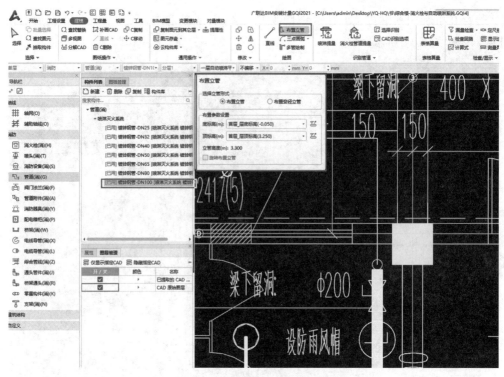

图 2.36　喷淋立管布置

当水平管与立管没有连接时需要使用选项栏中建模选项中管道二次编辑延伸水平管功能，框选所要延伸的水平管，右键确认，设置水平管与立管延伸最大范围，点击确定，如图 2.37 所示。

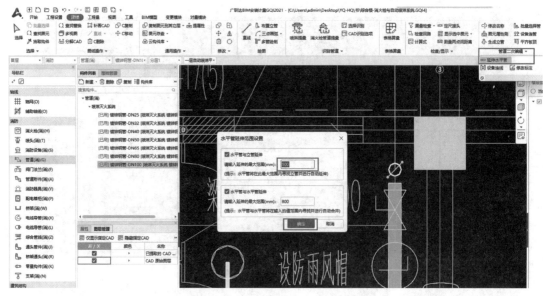

图 2.37　喷淋管道二次编辑

操作完成后如图 2.38 所示。

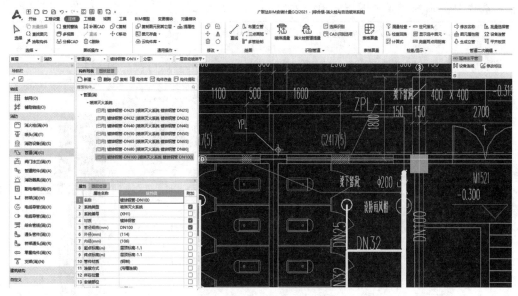

图 2.38　喷淋管道二次编辑完成

（5）识别零星构件。

点击导航栏中消防工具栏选择"管道附件"功能，点击选项栏中建模选项中"设备提量"功能，选择要识别的 CAD 图层图例，右键确认，在"选择要识别成的构件"中新建构件进行名称、类型的设置，完成后点击确认，如图 2.39 所示。

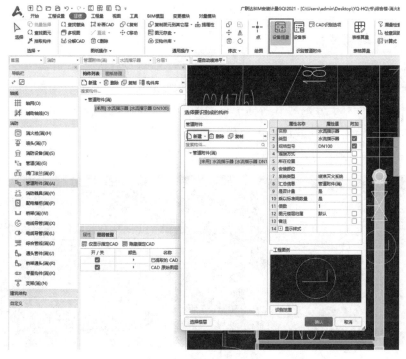

图 2.39　管道附件识别

点击导航栏中消防工具栏选择"阀门法兰"功能，点击选项栏中建模选项中"设备提量"功能，选择要识别的 CAD 图层图例，右键确认，在"选择要识别成的构件"中新建构件进行名称、类型的设置，完成后点击确认，如图 2.40 所示。

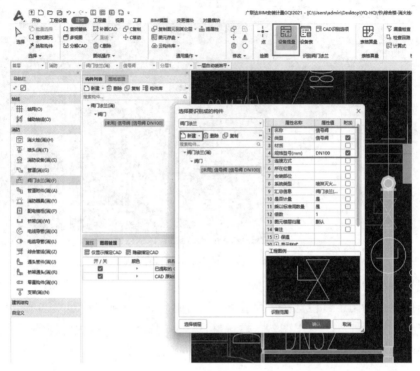

图 2.40　阀门法兰识别

5. 消火栓系统模型建立

（1）分割图纸。

点击工程设置栏中"手动分割"功能，分割图纸完成后进行图纸名称、楼层选择、专业系统和分层的选择（对于分割之后名称不正确的图纸，可在框选图纸进行分割操作后鼠标左键单击 CAD 图纸名称，软件会自动识别相应信息，若仍然不正确则需手动更改），如图 2.41 所示。

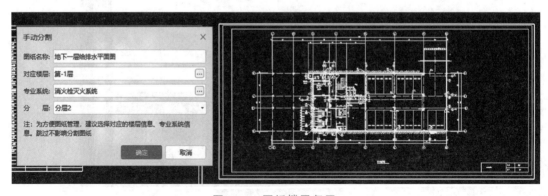

图 2.41　图纸楼层归属

图纸分割完成后，如图 2.42 所示。

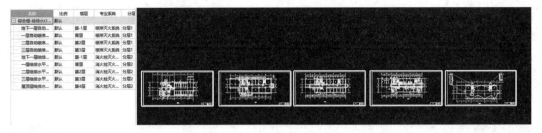

图 2.42　图纸分割成果

（2）图纸定位。

图纸分割完成，下一步进行图纸的定位，点击工程设置选项栏中"自动定位"功能，软件会自动对已分割的图纸进行定位，如图 2.43 所示。

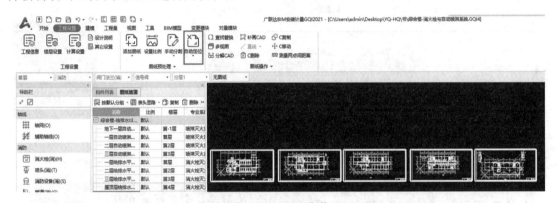

图 2.43　图纸定位

若部分图纸定位点不一致，点击"自动定位"功能下方按钮，选择"手动定位"功能，对定位点异常的图纸进行更改。

定位结束，进行模型的建立，点击图纸管理中需要进行建模的楼层，如图 2.44 所示。

名称	比例	楼层	专业系统	分层
综合楼-给排水t3_Model	默认			
地下一层自动喷淋平面图	默认	第-1层	喷淋灭火系统	分层1
一层自动喷淋平面图	默认	首层	喷淋灭火系统	分层1
二层自动喷淋平面图	默认	第2层	喷淋灭火系统	分层1
三层自动喷淋平面图	默认	第3层	喷淋灭火系统	分层1
一层给排水平面图	默认	首层	消火栓灭火...	分层2
二层给排水平面图	默认	第2层	消火栓灭火...	分层2
三层给排水平面图	默认	第3层	消火栓灭火...	分层2
屋顶层给排水平面图	默认	第4层	消火栓灭火...	分层2
地下一层给排水平面图	默认	第-1层	消火栓灭火...	分层2

图 2.44　建模楼层选择

消火栓系统建模顺序通常为轴网→个数构件（消火栓等）→长度构件（管道等）→零星构件（阀门等）。

（3）识别轴网。

点击导航栏中轴线工具栏选择"轴网"功能，点击选项栏中建模选项中"识别轴网"功能，如图 2.45 所示。

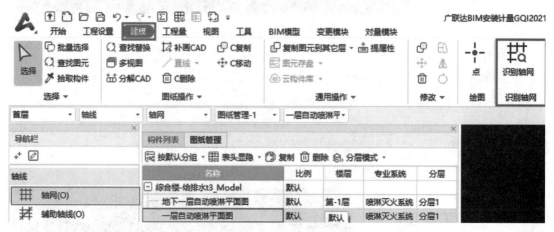

图 2.45　识别轴网

点击"提取轴线"，再用鼠标左键单击 CAD 轴线图层，右键确认，如图 2.46 所示。

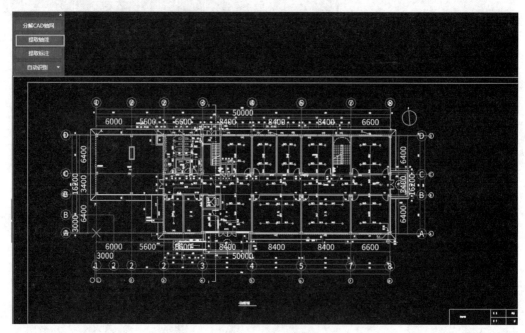

图 2.46　识别轴网

点击"提取标注"，再用鼠标左键单击 CAD 图纸尺寸标注图层，右键确认。

提取参数结束点击"自动识别"，生成轴网，如图 2.47 所示（若生成轴网有误或者参数不正确则需要手动建立或修改参数）。

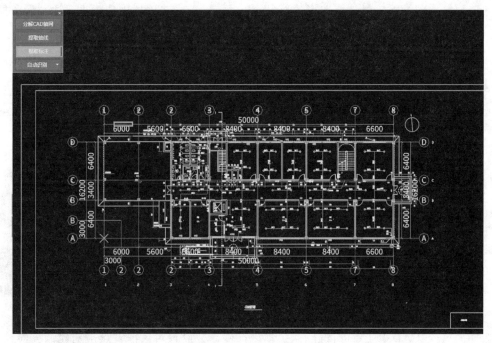

图 2.47　识别轴网

　　更改识别错误的轴网：点击导航栏中轴网工具栏中"轴网"功能，在其右侧构件列表中找到生成的轴网，双击左键进行轴网的修改，如图 2.48 所示。

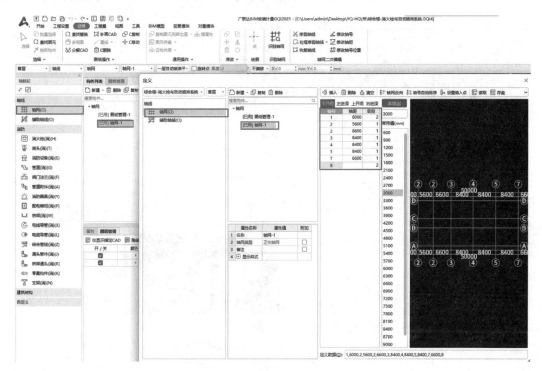

图 2.48　错误轴网修改

（4）识别设备构件。

点击导航栏中消防工具栏，选择"消火栓"功能，点击选项栏中建模选项中"设备提量"功能，如图 2.49 所示。

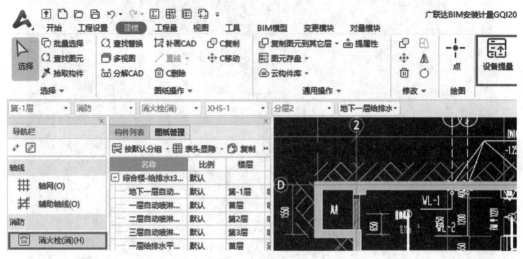

图 2.49　消火栓识别

选择消火栓 CAD 图层，右键确认，出现构件参数设置对话框，点击新建消火栓，进行参数设置，点击确认，如图 2.50 所示。

图 2.50　消火栓类型及参数设置

通过软件下方"CAD图亮度"来查看和检查图元是否建立完整，如图2.51所示。

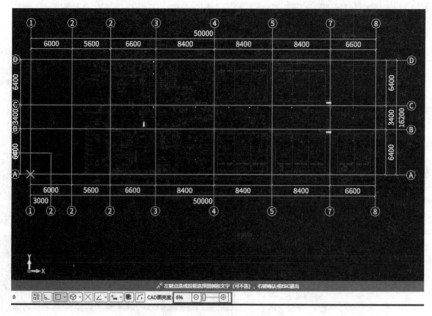

图 2.51　消火栓完整性检查

对于构件未生成的位置，需要手动进行点布，如图2.52所示。

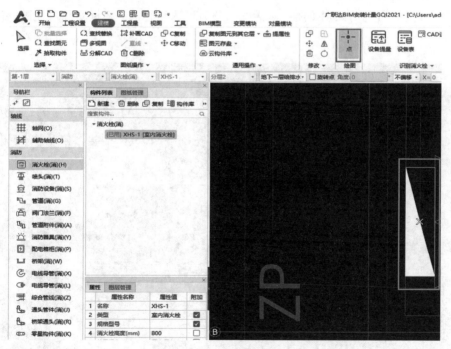

图 2.52　漏建构件点布

（5）识别管道。

点击导航栏中消防工具栏选择"管道"功能，点击选项栏中建模选项中"消火栓管道提量"功能，如图2.53所示。

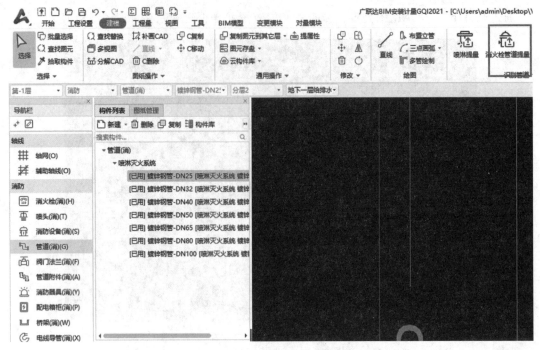

图 2.53　消火栓管道提量

　　根据弹出的提示对话框生成消火栓管道系统，根据系统需要的信息进行 CAD 图层的提取，设置完成后点击自动识别（注：对话框内分为可选和必选，根据实际情况进行设置），如图 2.54 所示。

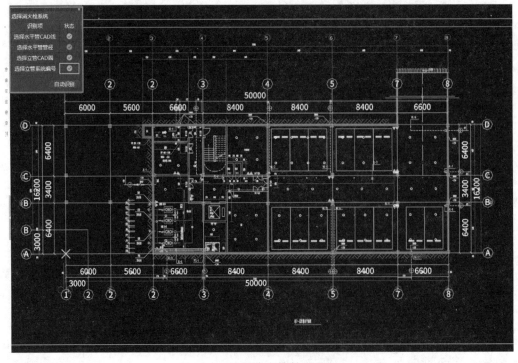

图 2.54　提取消火栓管道图层

点击自动识别后，弹出消火栓管道提量对话框，依次设置系统类型、管道材质、管道标高、干管以及支管的尺寸，如图 2.55 所示。

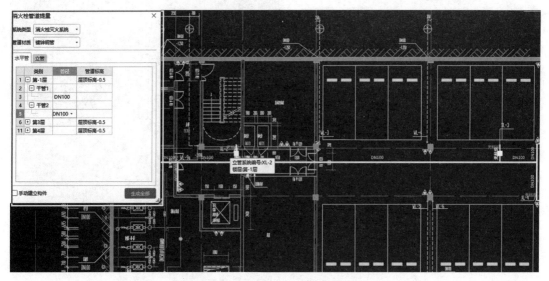

图 2.55　设置消火栓管道参数

生成的消火栓管道如图 2.56 所示。

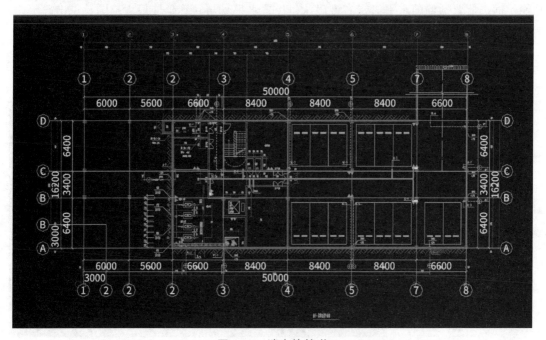

图 2.56　消火栓管道

水平管布置完成后进行立管的布置，根据系统图确定立管的尺寸，立管布置如图 2.57 所示。

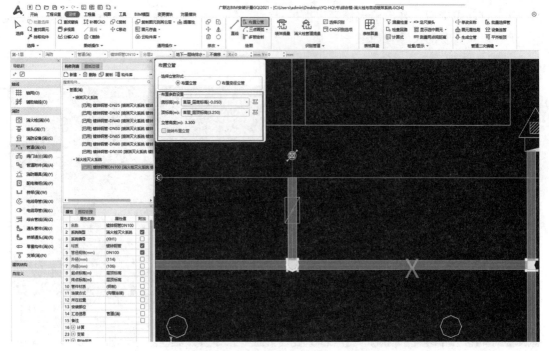

图 2.57　消火栓立管布置

当水平管与立管没有连接时需要使用选项栏中建模选项中"管道二次编辑延伸水平管"功能，框选所要延伸的水平管，右键确认，设置水平管与立管延伸最大范围，点击确定，如图 2.58 所示。

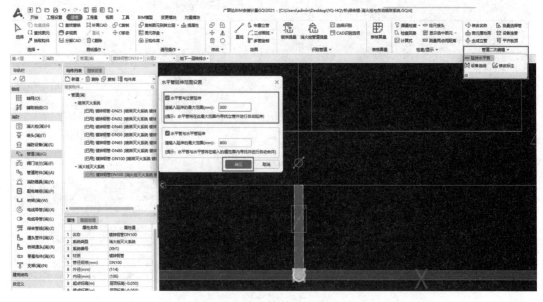

图 2.58　消火栓管道二次编辑

操作完成后如图 2.59 所示。

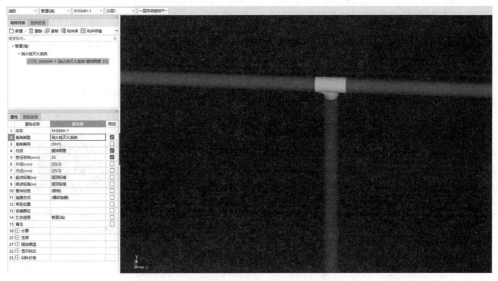

图 2.59 消火栓管道二次编辑完成

（6）识别零星构件。

同自动喷淋系统一致。

3.2 工程量汇总

模型建立完成，导出工程量。点击工程量选项中"汇总计算"选项，选择所要计算的楼层，点击计算，如图 2.60 所示。

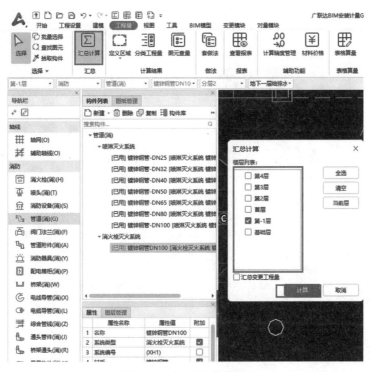

图 2.60 汇总计算出量

3.3 生成设备清单和材料清单

算量完毕，点击工程量选项中的"查看报表"，根据自己的需要导出工程量以及文件格式，如图 2.61 所示。

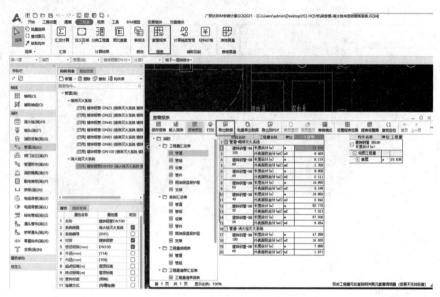

图 2.61 导出工程量

4 成果评价

学生根据实训过程，按表 2.1 对本实训项目进行整体评价。

表 2.1　实训成果评价表

评价项目	内容
自我评估、反思，以及能力提升情况	对实训过程中自我能力提升情况的评估
	对实训过程中优点和不足的反思分析
	个人技能、知识和能力的成长和提升情况
自我评价：	
针对计量结果和清单进行评价和反馈	对实训项目计量结果的准确性进行评价
	对计量清单的完整性和规范性进行评价
	给出改进建议和反馈以提高计量效果
自我评价：	
探讨实训中遇到的问题和解决方法	列出实训过程中遇到的问题和困难
	提供解决问题的方法和策略
	讨论在解决问题过程中的学习和成长
自我评价：	
总结实训经验，提出改进和建议	总结实训过程中的收获和经验
	提出改进实训方案的建议和想法
	对实训教学方法、资源和环境的建议
自我评价：	
其他评价	实训成果展示的质量和呈现方式评价
	团队合作和沟通能力的发展情况
	专业素养和职业道德的表现与提升
自我评价：	

模块3
通风与空调工程计量

1 任务布置

1.1 实训目标

（1）了解通风与空调工程的基本概念、常用设备及其工作原理，能够熟练识读通风与空调工程施工图，为工程计量奠定基础。

（2）熟悉通风与空调工程消耗量定额的内容及使用定额的注意事项。

（3）掌握通风与空调工程量计算规则，能熟练计算通风与空调工程的工程量。

（4）熟悉通风与空调工程量清单项目设置的内容，能独立编制通风与空调分部分项工程量清单。

1.2 实训任务和要求

本次实训任务的主要内容是根据提供的综合楼通风与空调专业图纸，利用 GQI 软件进行算量。学生需要按照指定的步骤和要求，完成以下任务：

（1）熟悉通风与空调专业图纸，理解其中的符号和标识，确保准确理解图纸内容。

（2）在 GQI 软件中导入综合楼通风与空调图纸，并设置系统参数，如工程信息、楼层设置、计算设置等。

（3）运用 GQI 软件的风管定量计算功能，计算风管的长度、面积和数量。

（4）利用 GQI 软件提供的通风设备定量计算功能，计算通风设备的数量。

（5）使用 GQI 软件的空调末端设备定量计算功能，计算空调末端设备的数量和规格。

（6）利用 GQI 软件提供的阀门、管件等定量计算功能，计算所需的阀门、管件的数量和规格。

（7）生成综合楼通风与空调系统的设备清单和材料清单，以及相关的报表和文档。

1.3 实训图纸和设计要求

本工程项目名称为综合楼，暖通施工图共 11 张，主要包括：暖通设计说明、图例、地下室通风排烟平面图、一层—顶层空调风系统平面图、一层—三层空调水系统平面图、空调水系统原理图等。

CAD 图纸请扫二维码获取。

模块 3 实训图纸

1.4 实训过程中的注意事项和安全规范

1. 注意事项

（1）仔细阅读和理解实训任务的要求和图纸，确保准确理解计量的目标和要求。

（2）在实施计量之前，熟悉 GQI 软件的功能和操作方法，确保能正确使用软件进行计量。

（3）细心观察通风与空调系统的图纸，注意标识符号和尺寸要求，确保准确的计量结果。

（4）严格遵循计量步骤和方法，确保计量过程的准确性和可靠性。

（5）做好记录和数据整理工作，确保实训成果的完整性和可追溯性。

（6）在实训过程中，保持良好的沟通和合作，与同学和教师密切配合，共同完成实训任务。

2. 安全规范

（1）在使用 GQI 软件进行计量时，遵守软件的操作规范，确保操作正确且不损坏软件或系统。

（2）实训过程中，注意机房用电及设备安全，遵守机房实训要求，做好实训签到，保持实训机房的整洁。

（3）实训过程中，如果有任何意外事故或紧急情况发生，立即向实训教师或机房管理员报告，并按照相关应急措施进行处理。

2 任务分析

2.1 通风与空调系统的计量要求和重要性分析

1. 计量要求

设备数量和规格：准确计算通风与空调系统中所需的设备数量和规格，包括风管、风机、空调末端设备等，以满足设计要求。

材料用量和规格：计量通风与空调系统所需的材料用量和规格，如风管、管件、阀门等，确保材料的准确采购和合理使用，便于后期询价、计价需求。

2. 计量重要性

（1）设备和材料准确采购。通过计量计算，能够准确确定通风与空调系统所需的设备数量和材料用量，避免过多或不足的采购，确保物资的合理利用和成本控制。

（2）数据依据与管理。计量结果可以作为数据依据，用于项目管理、成本控制、进度评估和后续维护管理等工作，提高工程的管理水平和效率。

2.2 通风与空调系统图纸和相关标识符号分析

通风与空调系统图纸分析：本实训选择综合楼建筑项目，是一栋单体办公建筑，建筑高度为 10.350 m，地下 1 层，地上 3 层，结构形式为框架结构。

本套图纸属于通风与空调专业，施工图共 11 张，图纸目录如图 3.1 所示，主要包括：图纸目录、暖通设计说明、图例、地下室通风排烟平面图、一层—顶层空调风系统平面图、一层—三层空调水系统平面图、空调水系统原理图。

图 纸 目 录

序号	图号	图纸名称	规格	备注
1	暖通-01	暖通设计说明　图纸目录 设备及主要材料表	A1,1：100	
2	暖通-02	暖通施工总说明　图例	A1,1：150	
3	暖通-03	地下室通风排烟平面图	A1,1：150	
4	暖通-04	一层空调风系统平面图	A1,1：150	
5	暖通-05	二层空调风系统平面图	A1,1：150	
6	暖通-06	三层空调风系统平面图	A1,1：150	
7	暖通-07	屋顶层空调平面图	A1,1：150	
8	暖通-08	一层空调水系统平面图	A1,1：150	
9	暖通-09	二层空调水系统平面图	A1,1：150	
10	暖通-10	三层空调水系统平面图	A1,1：150	
11	暖通-11	空调水系统原理图	A1,1：150	

图 3.1　综合楼暖通专业图纸目录

1. 阅读设计说明和施工说明

设计说明通常放在图纸目录后面，一般应当包括工程概况、设计依据、工程做法等。

在本教材提供的综合楼暖通专业施工图当中，第一张图纸就是暖通设计说明（图纸目录、设备主要材料表），编号：暖通-01；第二张图纸为暖通施工总说明（图例），编号：暖通-02。

（1）工程概况。

工程概况是指工程的一些基本信息，本工程暖通图纸工程概况如图 3.2 所示。

暖通设计说明

1 工程概况

1 工程名称：四川灵雨科技有限公司综合楼。建设单位：四川灵雨科技有限公司

2 建设地点：四川省成都市新都区绕城大道

图 3.2　综合楼暖通专业工程概况

（2）设计依据。

设计依据是指施工图设计过程中采用的相关依据。主要包括建设单位提供的设计任务书、政府部门的有关批文、法律、法规，国家颁布的一些相关规范、标准。本工程暖通设计采用的标准、规范如图 3.3 所示。

2 设计依据

《工程建设标准强制性条文》（房屋建筑部分）（2013年）
《民用建筑供暖通风与空气调节设计规范》 GB 50736—2012
《建筑设计防火规范》（2018年版） GB 50016—2014
《建筑防烟排烟系统技术标准》 GB 51251—2017
《汽车库、修车库、停车场设计防火规范》 GB 50067—2014
《民用建筑设计统一标准》 GB 50352—2019
《房间空气调节器能效限定值及能效等级》 GB 21455—2019
《建筑机电工程抗震设计规范》 GB50981—2014
《公共建筑节能设计标准》 GB50189—2015
《通风与空调工程施工规范》 GB50738—2011
《通风与空调工程施工质量验收规范》 GB50243—2016
《公共建筑节能设计标准》 DBJ04/T241—2016
建设单位设计委托任务书

图 3.3　综合楼暖通专业设计依据

（3）设计范围。

本工程设计范围主要包括通风及防排烟系统设计、空调系统设计两大部分，如图 3.4 所示。

3 设计范围
3.1 通风及防排烟系统设计
3.2 空调系统设计

图 3.4　综合楼暖通专业设计范围

（4）设计参数。

室外设计参数如图 3.5 所示。因该项目位于四川成都，所以均采用该地的设计气象参数。气象参数可以在专业设计手册或者工程所在地气象局获得。

4 设计参数
城市：四川成都。　　　　气候分区：寒冷地区。
4.1 冬季室外计算参数
采暖计算温度：−3.8 ℃，空调室外计算温度：−6 ℃。
通风室外计算温度：0.1 ℃，室外平均风速：2.7 m/s。
空调室外计算相对湿度：61%，大气压力：1 013.3 hPa。
4.2 夏季室外计算参数
通风室外计算温度：30.9 ℃，空调干球计算温度：34.9 ℃。
空调湿球计算温度：27.4 ℃，室外平均风速：2.2 m/s。

图 3.5　综合楼暖通专业室外设计参数

本工程施工图室内设计说明通过表格的方式说明了各房间的设计参数，如图 3.6 所示，其中给出了本幢建筑冬夏季采暖设计温度值、相对湿度范围、新风量及噪声值。

房间名称	温度/°C		相对湿度范围/%		新风量/ [m³/(p·h)]	噪声值/ dBA
	夏季	冬季	夏季	冬季		
办公室、会议室	25~27	18~20	≤60	≥40	30	≤45
门厅	25~27	18~20	≤60	≥40	20	≤55
单间、客房、健身房	25~27	18~20	≤60	≥40	20	≤55

图 3.6　综合楼暖通专业室内设计参数

本工程围护结构主要包括：外墙、屋顶、外窗，其热工性能如图 3.7 所示。

4.3 围护结构传热系数

外墙：0.44 W/（m²·K）　　　　外窗：2.17 W/（m²·K）

屋面：0.36 W/（m²·K）

注：围护结构传热系数由建筑专业提供，均经过建筑节能权衡判断计算，满足相关规范、标准规定的建筑节能设计要求；其中窗户传热系数为采暖房间建筑节能权衡平均传热系数。

图 3.7　综合楼暖通专业围护结构传热系数

（5）通风系统。

本工程通风系统设计参数如图 3.8 所示。

5 通风系统设计

5.1 汽车库为普通停车库，设置与消防排烟相结合的平时通风系统。汽车库平时排风量按照 3 m 层高、5 次/h 换气次数计算；车库净高小于 3 m 时，按实际净高计算。汽车库机械通风系统在满足室内空气质量的前提下，宜采用定时启、停，或根据车库内 CO 气体浓度自动控制风机运行，CO 气体浓度传感器应采用多点分散设置，详见电气施工图纸。

5.2 地下水泵房设置机械通风系统，排风量按 8 次/h 换气次数计算，采用自然补风。

5.3 地下发电机房设计机械排风系统，排风量按照 15 次/h 换气次数计算

图 3.8　综合楼通风系统设计

（6）防排烟系统。

本工程防排烟系统设计参数如图 3.9 所示。

6. 防排烟设计

6.1 机械排烟设计：

（1）本项目地下室为机动车库，地下汽车库设有与排风系统相结合的排烟系统，排风（烟）系统按防火分区设置，风机排烟量不小于表 1.1.1 中规定的数值。地下室面积不超 2 000 m² 时，分为一个防烟分区，选一台离心式消防排烟风机，因平时排风量与火灾时的排烟量相差较大【（排烟量-排风量）/排烟量≥30%时】，故排烟风机采用双速风机，平时低速运行排风，火灾时切换高速运行排烟，排风口和排烟口合用，采用钢制风口。本地下室通过坡道单层百叶风口自然补风。

图 3.9　综合楼防排烟设计

（7）空调冷源。

本工程空调冷源设计参数如图 3.10 所示。

7 空调冷源

7.1 本工程设计选用风冷热泵中央空调系统，集中冷、热源为设置在屋面的两台涡旋式风冷冷水/热泵机组，单台制冷量：130 kW，制热量：136 kW。空调水系统夏季供、回水温度为7 ℃/12 ℃；冬季采暖供、回水温度为45 ℃/40 ℃。

7.2 空调冷热水系统采用高位膨胀水箱定压、补水，由膨胀水箱浮球阀控制补水启、停，膨胀水箱设置循环管防止水冻住。

7.3 空调水系统均采用负荷侧变流量，冷、热源侧定流量的一次泵循环系统，各末端空调设备回水管上设电动双通阀。

7.4 空气处理机组、风机盘管进出水管均采用金属软接头连接，并在进水管入口处设铜质Y型过滤器。

7.5 空调水系统采用双管异程系统。

图 3.10　综合楼空调冷源

（8）空调风系统。

本工程空调风系统设计参数如图 3.11 所示。

8 空调风系统设计

8.1 一至三层办公室、会议室、健身房、单间等均采用风机盘管加新风系统，室内气流组织均为上送（散流器上送风，单层百叶上回风）。

8.2 新风机组的风机、电动水阀及电动新风阀应进行电气联锁，启动顺序为：水阀-电动新风阀及风机，停车时顺序相反。新风机组由设在送风管道内的温感器控制水路电动二通阀开度。电动二通阀的理想流量特性为等百分比特性，常闭型。新风机组设置在每层走道端部，吊装在吊顶内。夏季新风经表冷器降温将湿处理至室内空气等焓，冬季新风经加热处理至室内空气等温点，新风冬季设湿膜加湿，保证室内湿度。

8.3 风机盘管的回水管上设动态平衡开关式电动二通球阀，新风机组和空调机组上设有能量直接检测的能量控制阀，按需分配能量。风机盘管均配室内恒温器，以控制风机盘管回水管上的动态平衡开关式电动二通球阀，维持室内温度恒定。新风机组和组合式空调机组根据送风温度或回风温度来调节机组回水管上的能量控制阀，以维持送风温度或回风温度不变。

8.4 发生火灾时，由消防控制中心切断除用于消防以外的所有空调、通风设备电源。

8.5 本工程只对上述控制提出要求，自控系统设计由专业自控公司进行深化设计并经本院认可后方可实施。

图 3.11　综合楼空调风系统

（9）空调水系统。

本工程空调水系统设计参数如图 3.12 所示。

9 空调水系统设计

9.1 空调水系统为一次泵变流量（冷源侧和负荷侧均变流量）双管制系统，夏季选用2台冷冻水循环泵，每台对应1台螺杆式冷水机组，一用一备；冬季选用2台热水循环泵，一用一备。冷热水循环泵均采用变频控制。供回水总管之间设旁通阀，主机入口设电动阀，末端空调机组设电动二通阀，以满足变流量要求。

9.2 空调水系统为两管制。空调冷热水立管、水平干管异程布置。

9.3 空调冷热水干管均无坡敷设，其管道内水流速度大于0.25 m/s，在干管末端设置自动排气阀。

9.4 空调冷热水系统工作压力为0.6 MPa。

图 3.12　综合楼空调水系统

（10）节能环保设计。

本工程节能环保设计如图3.13所示。

10 节能环保设计

10.1 风冷热泵机组的综合部分负荷性能系数IPLV大于7.20，能效比COP大于6.0。

10.2 供回水总管之间设旁通阀，主机入口设电动阀，末端空调机组设电动二通阀和温控器，根据室温调节系统水流量和空调机组运行状态。空调冷热水总回水管上设置超声波冷热量表和静态水力平衡阀。设计尽量利用自然通风方式，空调新风系统风机的单位风量耗功率W_s为0.22 W/（m³/h），小于0.24 W/（m³/h）。

10.3 悬吊安装电动设备均采用减振弹簧支吊架；电动设备落地安装时，转速≤1 500 r/min的设备采用弹簧减震器，转速大于1 500 r/min的设备采用弹簧减振座或橡胶减震器。

10.4 选用高效、低噪声、低振动的设备。

10.5 对于噪声要求较高房间，选用超低噪声设备或采取消声器等降噪措施，使其满足使用要求。

10.6 通风设备机房、设备夹层均由土建专业隔声降噪处理，机房采用防火隔声门。

10.7 通风设备进出口设柔性不燃材料制作的软接头。

图 3.13　综合楼节能环保设计

（11）图例与设备与主要材料表。

通风与空调系统图纸是通风与空调工程设计的重要依据，准确理解和解读图纸中的各种符号和标识对于进行 GQI 软件计量工作至关重要。本综合楼中通风与空调系统图纸的常见符号、标识如图3.14所示。

图　例

FP-1..n	风机盘管编号
HDK-07	新风机编号
G-10DF4-9000	空调机组编号
———————	空调冷凝水管
———————	空调供水管
———————	空调回水管
———┬———	自动排气阀
———X———	水管单管固定支架
——0.003—→	水管坡度及坡向
═══╪═══	水管多管固定支架
▭	单层百叶风口
↙ 回	方形散流器　FS
FP-68 ▱ FP-102	风机盘管
DNxxx	水管管径标注（钢管）
Dexxx	水管管径标注（塑料管）

图 3.14　综合楼通风与空调系统图例

　　需要说明的是，不同设计的图例有可能不同，在识图中应以该套图纸的图例为准，在没有特殊说明时，以国家相关的制图标准为准。

　　图纸说明中会明确主要设备表，如图 3.15 所示。

序号	设 备 名 称	型 号 及 规 格	单位	数量	备注
1	风机盘管	FP-51　风量：510 m³/h　冷负荷：2.7 kW	台	若干	
		FP-68　风量：680 m³/h　冷负荷：3.6 kW	台	若干	
		FP-85　风量：850 m³/h　冷负荷：4.5 kW	台	若干	
2	空气处理机组（新风）	MAH015S风量：1 500 m³/h 冷负荷：18.4 kW	台	若干	
3	散流器	100 mm×100 mm	个	若干	
		200 mm×200 mm	个	若干	
		220 mm×220 mm	个	若干	
4	双层百叶风口	500 mm×200 mm	个	若干	
		600 mm×220 mm	个	若干	
5	风管	160 mm×100 mm	m	若干	
		320 mm×160 mm	m	若干	
		320 mm×200 mm	m	若干	
		400 mm×200 mm	m	若干	
		500 mm×200 mm	m	若干	
		500 mm×100 mm	m	若干	
		320 mm×100 mm	m	若干	

图 3.15　综合楼暖通设备及主要材料表

2. 通风排烟平面图

通风排烟平面图的主要内容包括：

（1）以双线绘制出的风道、异径管、弯头、静压箱、检查口、送排风口、调节阀、防火阀等；在图面上，风管一般为粗线，设备、风口和风阀管件为细线。

（2）风道及风口尺寸（圆形风管标注管径，矩形风管标注宽×高）。

（3）各部件的名称、规格、型号、外形尺寸、定位尺寸等。

（4）送、排风系统编号，送、排风口的空气流动方向等。

在本工程中，通风排烟平面图主要包括地下室通风排烟平面图、机房层通风平面图。

在看平面图前，应先了解建筑物楼层、建筑功能、室内外地面标高等信息，有了基本概念后再进一步了解通风系统设置情况和一些基本参数，这些可以在设计说明、通风设备表中提取。了解以上基本情况对于下一步的识图有很大的帮助。风管平面图中，风机房、风井部位需要给予关注，因为风井还牵涉到上下楼层的平面；由于风机的安装，风机房部位往往存在比较复杂的空间关系。在风管平面图中，识图的目的是了解通风系统的组成和管线走向、风井的位置、管径大小、设备的位置、相关阀门管件的位置等。

图 3.16 为综合楼地下室通风排烟平面图的局部，该部位是排烟机房、弱电机房，因而风管比较复杂，通风系统的设置和参数可以通过通风系统表了解，在平面图中，通风管道的走向和管径、设备位置、风口位置比较直观，但还应注意风管在穿过房间隔墙、进出设备或风管交叉时图面上标示的相关部件。

3. 空调风系统平面图

识读空调风系统平面图时应注意以下几点：首先，了解平面图的符号和图例，熟悉各种设备、管道和风口的表示方法；其次，关注主要的空调设备、风管系统和风口的布局和连接方式，以便理解空气的流动路径和传递方式；此外，注意标注的尺寸和比例，确保正确理解各个组件之间的相对位置和距离；同时，要注意图纸上可能存在的特殊注释、箭头和线型，它们可能表示流向、控制信号或其他重要信息；最后，与图纸相关的文字说明或施工细节也是需要仔细阅读和理解的，以获取更全面的信息。综合理解平面图上的各个要素，可以对空调风系统的整体结构和运行方式有一个初步了解。

图 3.17 为综合楼一层空调风系统平面图的局部，可以看到空调风系统的主要要素。首先，注重观察每个房间的布局，特别是房间内的风口位置和数量。这些风口是空调风系统将冷（热）空气引入房间的关键点。每个房间都应设有足够的风口，以确保空气流动均匀和室内环境舒适。另外，需要注意房间之间的风管连接，它们将空气从主干风管输送到每个房间。通过理解风管的路径和连接方式，可以推断出空气的流向和传递方式。同时，关注可能存在的特殊标记或注释，它们可能提供关于风口的流量调节或特定控制需求的重要信息。最后，细读文字说明或施工细节，它们可能包含有关房间内空调设备的具体规格或其他重要细节。综合考虑这些因素，可以更好地理解空调风系统平面图，为实现良好的空气分配和舒适的室内环境提供指导。

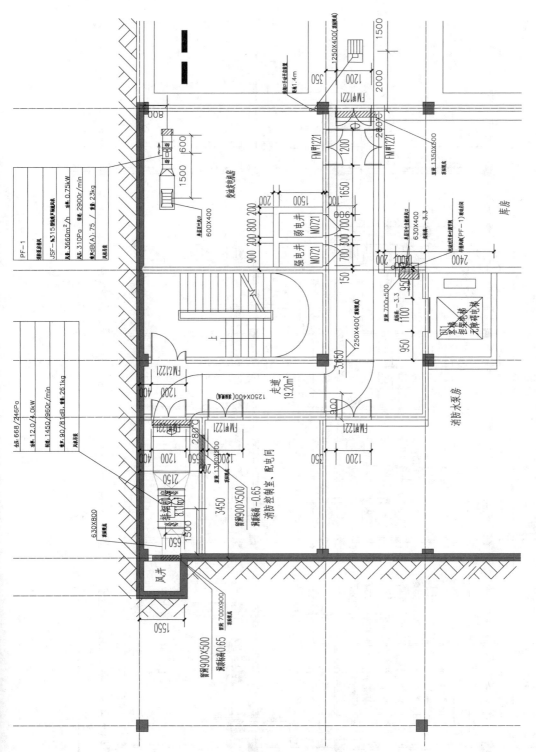

图 3.16　综合楼地下室通风排烟平面图局部

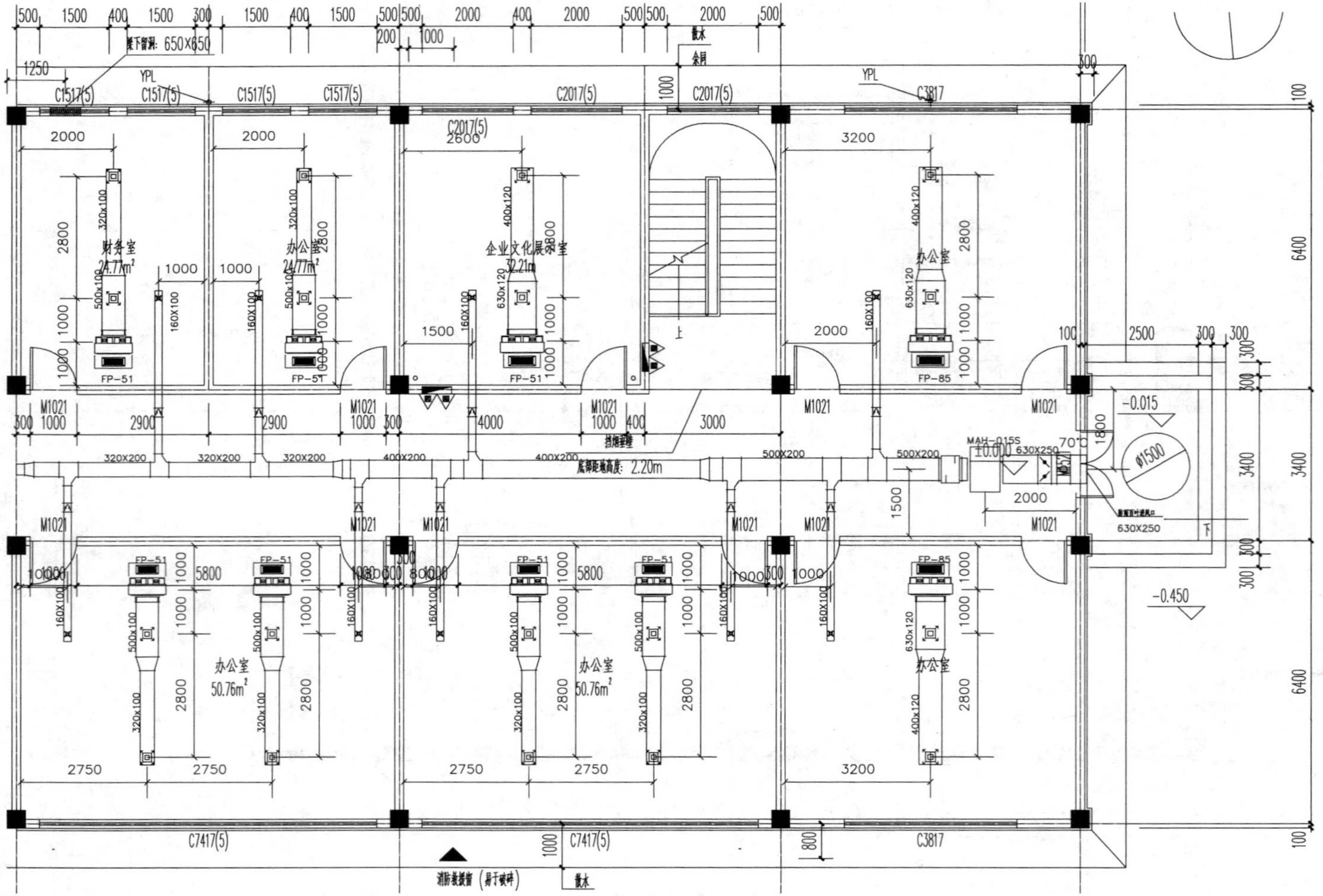

图 3.17 综合楼一层空调风系统平面图局部

4. 空调水系统平面图

识读空调水系统平面图时应注意以下几点：首先，了解图例和符号的含义，掌握不同元素的表示方式，如水泵、冷却塔、冷却盘管等；其次，要注意管道的走向和连接方式，了解水流的路径和流向，以便理解水的供应和循环路径；此外，关注管道的尺寸、材质和标注，以确保系统能够满足使用需求，并符合规范和安全要求；另外，要留意阀门、控制设备和传感器的位置和连接方式，它们对于系统的控制和监测起着重要作用；最后，要注意系统的布局和空间分配，理解各个组件之间的关系和相互作用，以便在实际操作中更好地理解和维护系统。总之，通过仔细观察和理解平面图的各个要素，可以逐渐掌握空调水系统的布局和工作原理。

图 3.18 为综合楼一层空调水系统平面图的局部，展示了空调水系统的主要组成部分。通过仔细阅读图例和符号，可以了解到该系统包括空调冷凝水管、空调供水管和空调回水管。这些管道在图中用不同的线型和颜色表示，以便区分和识别。此外，平面图还展示了各种设备，如水泵、冷却塔、冷却盘管等，它们在系统中的位置和连接方式都有所标注。同时，图中还显示了各种阀门，如调节阀、隔离阀和排放阀等，这些阀门用于控制和调节水的流量、压力和温度。通过对这些设备和阀门的位置和连接方式的观察，可以更好地理解整个空调水系统的布局和工作原理。通过阅读和理解空调水系统平面图，可以获取关于空调水系统的重要信息，为系统的操作、维护和故障排除提供基础。

2.3 GQI 软件在通风与空调系统计量中的应用优势

（1）自动化计量。通过图纸导入和参数设定，GQI 软件能够自动进行通风与空调系统的计量计算。它能够快速准确地分析图纸中的各个组件和要素，并根据设定的参数进行计算，省去了手工计算的烦琐过程，提高了计量效率。

（2）综合计算功能。GQI 软件提供了风管、通风设备、空调末端设备以及阀门、管件等元素的计量功能。它能够根据图纸中的布置和要求，综合计算各个组件的数量、规格和用量。这使得通风与空调系统的算量计算更加全面和准确。

（3）设备清单生成。GQI 软件能够根据计量结果自动生成通风与空调系统的设备清单。清单中包括设备的型号、规格和数量，便于工程人员进行材料采购和设备安装。

（4）材料清单生成。除了设备清单，GQI 软件还能生成通风与空调系统的材料清单。清单中列出了风管、管件、阀门等材料的规格和用量，帮助工程人员进行材料预估和采购。

（5）可视化展示。GQI 软件通过图表、图像等方式展示计量结果和清单内容。这样的展示形式使得信息更加清晰明了，方便用户理解和使用。

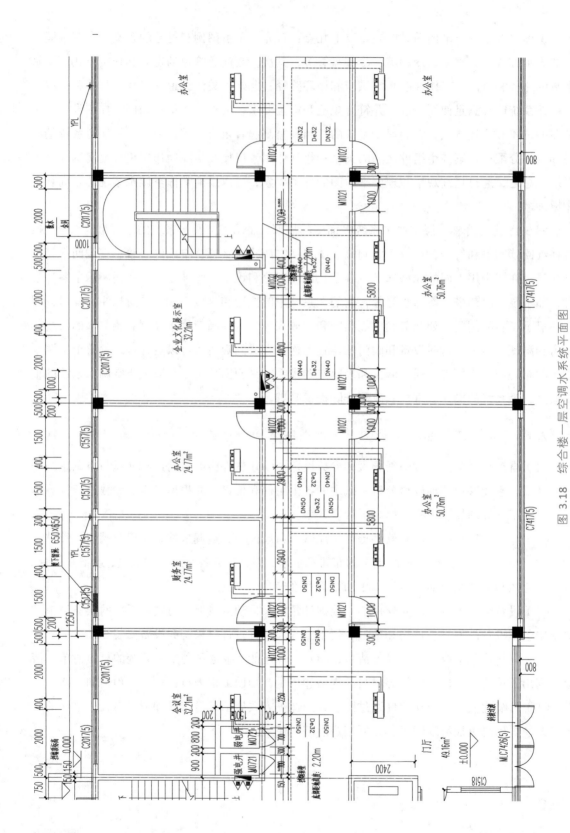

图 3.18　综合楼一层空调水系统平面图

2.4 通风与空调系统的算量计算方法和步骤

1. 风管的算量计算

（1）确定风管的布置和路径，根据图纸中的标识符号和尺寸信息进行识别和绘制。

（2）使用 GQI 软件的风管定量计算功能，计算风管的长度、面积和数量。

（3）根据系统参数和设计要求，计算风管的尺寸、材料用量和安装工作量。

2. 通风设备的算量计算

（1）确定通风设备的位置和种类，如风机、换气机等。

（2）利用软件提供的通风设备定量计算功能，计算通风设备的数量。

3. 空调末端设备的算量计算

（1）确定空调末端设备的位置和种类，如冷风机盘管、空调箱等。

（2）使用软件的空调末端设备定量计算功能，计算空调末端设备的数量和规格。

4. 材料的算量计算

（1）利用 GQI 软件的材料计算功能，计算风管、管件、阀门等材料的用量和规格。

（2）根据系统参数和设计要求，确定所需材料的种类、尺寸和数量。

5. 生成设备清单和材料清单

（1）根据算量计算结果，利用 GQI 软件生成通风与空调系统的设备清单和材料清单。

（2）清单中应包括设备的型号、规格和数量，以及材料的规格和用量。

3 任务实施

3.1 模型创建

1. 通风空调模型创建

1）创建项目

打开 GQI 软件，点击"新建工程"，将工程名称命名为"综合楼-通风与空调"，在工程专业里面选择"通风空调"，计算规则选择"工程量清单项目设置规则（2013）"，清单库定额库可不选，或根据所在地区进行定额库选择，本次选择清单库为"工程量清单项目计算规范（2013-四川）"，定额库选择"四川省通用安装工程量清单计价定额（2020）"，算量模式选择"经典模式"，完成后点击"创建工程"，进入建模界面如图 3.19 所示。

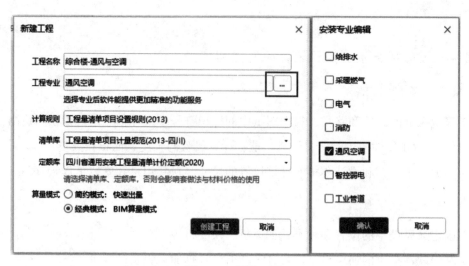

图 3.19　新建工程

2）修改基础设置

（1）工程信息设置。

进入软件界面后首先将工程设置选项卡下的工程信息完善，内容可根据实际情况填写，如图 3.20 所示。

工程信息

	属性名称	属性值
1	☐ 工程信息	
2	工程名称	综合楼-通风与空调
3	计算规则	工程量清单项目设置规则(2013)
4	清单库	工程量清单项目计量规范(2013-四川)
5	定额库	四川省通用安装工程量清单计价定额(2020)
6	项目代号	001
7	工程类别	住宅
8	结构类型	框架结构
9	建筑特征	矩形
10	地下层数(层)	1
11	地上层数(层)	3
12	檐高(m)	10.35
13	建筑面积(m2)	3937.68
14	☐ 编制信息	
15	建设单位	
16	设计单位	
17	施工单位	
18	编制单位	
19	编制日期	2023-06-01
20	编制人	
21	编制人证号	
22	审核人	
23	审核人证号	

图 3.20　设置工程信息

（2）楼层设置。

完成工程信息设置后，再进行楼层设置，楼层设置按钮在工程信息右侧，设置楼层时请务必关注楼层编号、层高和标高等关键信息的准确填写。这些重要信息通常可以在建筑施工图中找到，安装工程一般采用建筑标高。如果在使用广联达 GQI 软件时发现楼层数不足的情况，可以通过点击软件界面上的“批量插入楼层”功能来添加所需的楼层数，并且随后对每个楼层的具体参数进行修改和调整，以确保与实际建筑相符。如果有地下室，则需要选中基础层再点击“批量插入楼层”，软件就会插入“第-1 层”，然后再修改楼层名称即可。这样，便能够准确设置楼层信息，为后续的建筑系统设计和分析提供准确可靠的基础。

楼层设置中，基础层层高、板厚以及建筑面积不影响算量，可按照默认值或者不填，如图 3.21 所示。

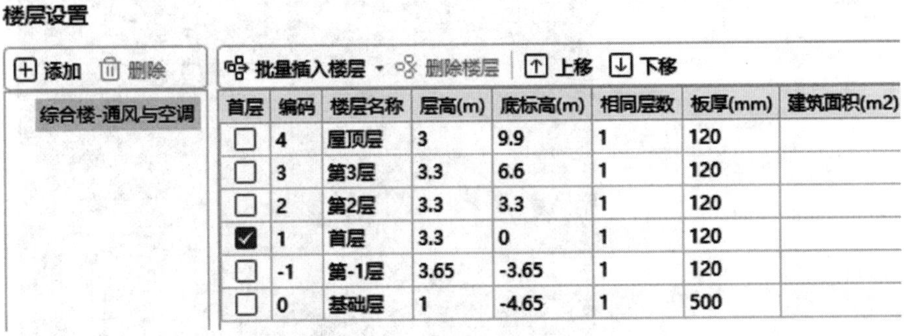

首层	编码	楼层名称	层高(m)	底标高(m)	相同层数	板厚(mm)	建筑面积(m2)
☐	4	屋顶层	3	9.9	1	120	
☐	3	第3层	3.3	6.6	1	120	
☐	2	第2层	3.3	3.3	1	120	
☑	1	首层	3.3	0	1	120	
☐	-1	第-1层	3.65	-3.65	1	120	
☐	0	基础层	1	-4.65	1	500	

图 3.21　楼层设置

（3）计算设置。

在进行计算设置时，需要根据国家规范和图纸系统说明调整各种内置的计算方式，以满足个性化算量的需求，能够保证计算过程符合行业标准，同时也有助于避免误差和不准确性，如图 3.22 所示。

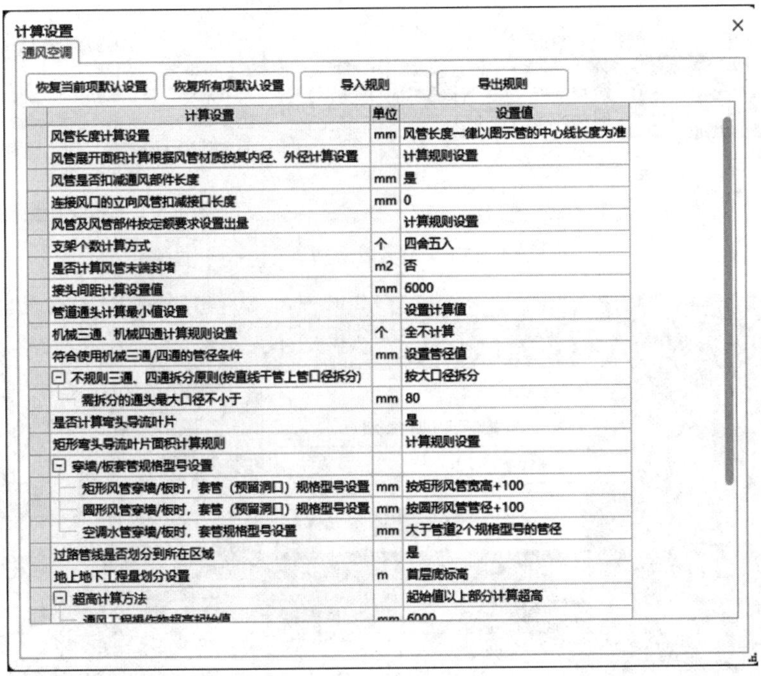

计算设置	单位	设置值
风管长度计算设置	mm	风管长度一律以图示管的中心线长度为准
风管展开面积计算根据风管材质按其内径、外径计算设置		计算规则设置
风管是否扣减通风部件长度	mm	是
连接风口的立向风管扣减接口长度	mm	0
风管及风管部件按定额要求设置出量		计算规则设置
支架个数计算方式	个	四舍五入
是否计算风管末端封堵	m2	否
接头间距计算设置值	mm	6000
管道通头计算最小值设置		设置计算值
机械三通、机械四通计算规则设置	个	全不计算
符合使用机械三通/四通的管径条件	mm	设置管径值
⊟ 不规则三通、四通拆分原则(按直线干管上管口径拆分)		按大口径拆分
需拆分的通头最大口径不小于	mm	80
是否计算弯头导流叶片		是
矩形弯头导流叶片面积计算规则		计算规则设置
⊟ 穿墙/板套管规格型号设置		
矩形风管穿墙/板时，套管（预留洞口）规格型号设置	mm	按矩形风管宽高+100
圆形风管穿墙/板时，套管（预留洞口）规格型号设置	mm	按圆形风管管径+100
空调水管穿墙/板时，套管规格型号设置	mm	大于管道2个规格型号的管径
过路管线是否划分到所在区域		是
地上地下工程量划分设置	m	首层底标高
⊟ 超高计算方法		起始值以上部分计算超高
通风工程操作物超高起始值	mm	6000

图 3.22　计算设置

3）图纸导入

在软件视图工程设置选项中，选择"添加图纸"，选择本专业图纸导入，导入的图纸会在图纸管理中显示，如图3.23所示。

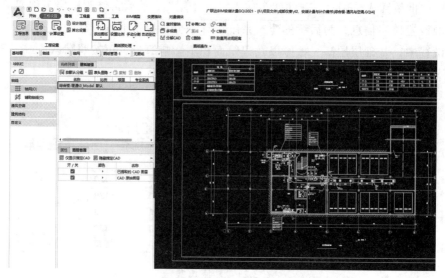

图 3.23　导入图纸

导入图纸后，需要进行设置比例，点击"设置比例"按钮，软件默认为局部设置，需要选择整图设置，如图3.24所示。找一段有标注的轴网，进行测量，如果测出来的数据和标注一致，则比例正确，如果不一致，说明比例不对，改正方法为将测出来的数据改成和标注一致即可，如图3.25所示。

图 3.24　设置比例（一）

图 3.25　设置比例（二）

4）图纸处理

（1）图纸分割。

接着进行图纸分割，在软件视图中点击"自动分割"按钮下的小三角形，可以看到自动分割和手动分割两个选项，此次点击"自动分割"，点击后软件弹出对话框，如图3.26所示，有两种模式，此处选择楼层编号模式，点击"确定"即可。然后框选要分割的图纸（框选平面图即可），框选完成后，点击右键，软件会弹出对话框，如图3.27所示，将分割的图纸与楼层相对应，进行自动分割，再将系统处理后的图纸进行楼层和专业系统设置，并完成分割操作。

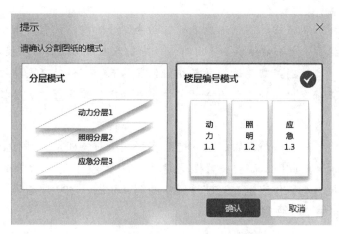

图 3.26　自动分割对话框

图 3.27　分割图纸

（2）图纸定位。

关于图纸定位功能，CQI 软件提供了四个选项，分别为自动定位、手动定位、变更定位以及删除定位。点击"手动定位"按钮下的小三角形即可看到对应选项。本案例可以选择自动定位选项，软件会自动将 1 轴交 B 轴作为定位点，同时软件会弹出对话框，提示信息为"部分图纸定位失败，是否手动补充"，此次可以点击"否"，这是因为空调水系统原理图没有平面图，识别不到轴网（如果在自动分割图纸步骤，未框选此图，则不会弹出提示对话框）。

【知识拓展】

（1）手动分割图纸。当设计图纸不能进行自动分割的时候，就需要手动分割图纸，首先将每张图纸单独框选，并点击右键，在弹出对话框中输入图纸名称、对应楼层以及专业系统。

（2）图纸定位。定位图纸需要选择每层相同位置的点，可借助交点捕捉功能进行定位。如果自动定位不能正确定位，则需要用手动定位，手动定位需要每层去选择对应交点。

（3）楼层编号。

楼层编号在图纸管理中进行设置，当一层有多张图纸时，如本案例有空调水系统平面图以及空调风系统平面图，此时，需要设置楼层编号。楼层编号设置结果如图 3.28 所示。楼层编号第一位表示楼层，第二位表示在当前楼层中的第几张图，如楼层编号 2.1 中 2 表示楼层为二层，1 表示二层中第一张图。

名称	比例	楼层	专业系统	楼层编号
综合楼-暖通t3_Model	默认			
地下室通风排烟平面图	默认	第-1层	通风系统	-1.1
一层空调风系统平面图	默认	首层	空调风系统	1.1
空调水系统原理图	默认		多种	
一层空调水系统平面图	默认	首层	多种	1.2
二层空调风系统平面图	默认	第2层	空调风系统	2.1
二层空调水系统平面图	默认	第2层	多种	2.2
三层空调风系统平面图	默认	第3层	空调风系统	3.1
三层空调水系统平面图	默认	第3层	多种	3.2
屋顶层空调平面图	默认	屋顶层	空调风系统	4.1

图 3.28　楼层编号

5）识别轴网

软件会在分割图纸时，生成定位点，自动生成轴网，该轴网起定位作用。只有 1-2 轴线以及 A-B 轴线时，一般无须建立新的轴网。如果需要建立和图纸一样的轴网可以在导航栏中选择"轴网",并在建模视图中选择"识别轴网",会在图纸视图左上方出现识别选项,先选择"提取轴网"后选择图中轴网,再选择"提取标注"后选择轴网标注,最后选择"自动识别"等待生成轴网,结果如图 3.29 所示。

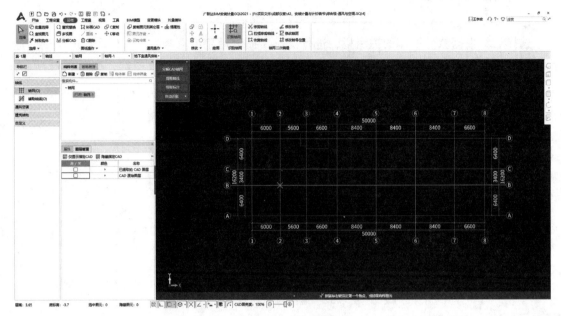

图 3.29　识别轴网

6)识别设备

选择左侧导航栏中"通风空调"下的"通风设备(通)(S)"按钮,如图 3.30 所示,再选择建模选项卡下"识别通风设备"中的"通风设备"按钮,如图 3.31 所示。

图 3.30　通风设备识别

图 3.31　通风设备识别功能按钮

选择后，根据软件下侧的提示栏，进行操作，提示栏显示内容为"左键选择要识别的通风设备和标识，右键确认或 ESC 退出"。选择图中标识如 FP-85 以及图例，如图 3.32 所示。

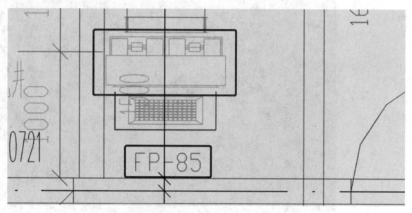

图 3.32　通风设备识别方法

FP-85 可以通过左键点选，图例则使用框选，注意框选时不要选中其他构件，选中后，点击鼠标右键，弹出对话框如图 3.33 所示，因为未提前建好构件，软件自动反建了对应构件。此处需要填入标高，根据层高以及梁的尺寸可将风管盘管高度统一设置为"层底标高+2.6"，点击"确认"，弹出对话框如图 3.34 所示。

	属性名称	属性值
1	类型	风机盘管
2	规格型号	FP-85
3	设备高度(mm)	0
4	标高(m)	层底标高+2.6
5	重量(kg/台)	0
6	所在位置	
7	安装部位	
8	系统类型	空调风系统
9	汇总信息	设备(通)
10	倍数	1
11	备注	
12	⊞ 显示样式	

构件编辑窗口

选择楼层　确认　取消

图 3.33　通风设备属性编辑栏

提示　　　　　　　　　　　　✕

相同图例通风设备已识别5个，还有5个没有识别

确定

图 3.34　通风设备识别弹框

再使用同样方法识别其他风机盘管及新风机。成果如图 3.35 所示。

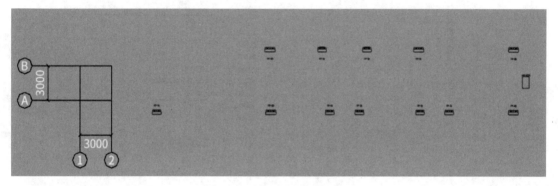

图 3.35　通风设备识别成果

【知识拓展】

设备提量：与通风设备命令类似，应用更广泛，当设备未标注规格时，可以通过设备提量进行提取，在其他设备或构件识别时也可使用该功能。

7）识别风管

软件提供识别分管的方式有两种，分别是系统标号以及风盘风管识别，系统编号适用于连续风管，风盘风管识别适用于风机盘管的风管。

（1）风机盘管管道识别。

在导航栏中选择"通风管道"，再选择"风盘风管识别"，开始识别。在风管识别过程中，根据软件提示进行识别，选择风管两侧的图层线，右键确定，在弹出的构件框中新建通风管道，注意管道的系统属性、尺寸、标高等数据，如图 3.36 所示。如果需要计算支架，可以在支架中输入间距及单个支架重量即可算出支架总重，根据暖通施工总说明中表 2.5.1 可知此处间距填 3 000，单个重量暂按 5 kg 计算，如现场施工有差异可进行调整。根据暖通施工总说明中 6.1 条可知保温材料为钢复合酚醛保温板，厚度为 20 mm，将信息填入属性栏即可算出保温工程量。

同理将其他管道识别，识别不同规格的管道时，可以先复制构件再修改属性，否则需要重新去填保温和支架的信息。

图 3.36　风管属性

（2）新风管道识别。

　　新风风管识别可采用"系统编号"识别，方法同风机盘管识别，注意在识别过程中除了选择风管边线，还需要选择尺寸标注，管道材质是硬聚氯乙烯，系统类型为新风系统，如图3.37所示。管道识别成果如图3.38所示。

构件编辑窗口	
属性名称	属性值
1 系统类型	新风系统
2 系统编号	XF1
3 材质	硬聚氯乙烯
4 起点标高(m)	层底标高+2.6
5 终点标高(m)	层底标高+2.6
6 所在位置	
7 汇总信息	通风管道(通)
8 备注	
9 ⊞ 计算	
11 ⊟ 刷油保温	
12 　刷油类型	防锈漆
13 　保温材质	彩钢复合酚醛保温板
14 　保温厚度(...	20
15 　保护层材质	
16 ⊞ 显示样式	

确认　　取消

图 3.37　新风系统属性设置

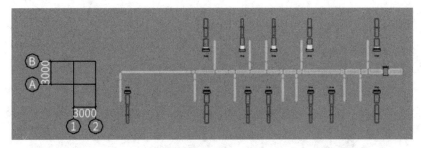

图 3.38　管道成果

【知识拓展】

通风专业图纸中，经常会出现尺寸标注分离的情况。风管系统编号和风机盘管都需要采用 $m \times n$ 形式的整体标注。部分图纸 m 和 n 不是一个整体，在识别时会出现识别不到尺寸的问题，为了可以准确识别尺寸，可使用"风管标注合并"功能一键将分离的尺寸标注合并为一个整体，为风管的高效计算奠定基础。

（3）识别通头。

风管识别后，接下来是识别管道通头，选择上方建模工具栏中"风管通头识别"功能，然后根据软件下方提示进行识别，选择两端未连接的管道，右键确定即可生成通头，识别过程中可能会出现识别不成功的情况，可以在弹出的对话框中双击进行手动修改。

（4）风口识别。

根据"一层空调风系统平面图"左下角表格可知，两种风机盘管的风口大小不一样，FP-51 的风机盘管送风口为方形散流器 200 mm × 200 mm，回风口为双层百叶风口 500 mm × 200 mm；FP-85 的风机盘管送风口为方形散流器 220 mm × 220 mm，回风口为双层百叶风口 600 mm × 200 mm。

软件中可使用系统风口提量进行识别，双击导航栏风口选项卡，切换到风口页面，点击"识别风口"选项卡中的"系统风口提量"，然后选择图纸中任意风口图例，点击右键确认，再点击绘图区左上角的"全图识别"，弹出对话框如图 3.39 所示，双击"风口 1"，软件会跳转到对应图例位置，风口规格需要手动输入，或者通过"提属性"进行输入，此处直接输入风口尺寸，如果一次不能识别完，可进行多次识别。风口识别成果如图 3.40 所示。

设置风口属性				×
建立构件模式：按默认名称 ▾		竖向风管材质：帆布 ▾		提属性

	系统/明细	数量	风口类型	风口规格	风口标高(m)
1	⊟ ☑ 空调风…	7	方形散流器		管底标高
2	⊟ ☑ 系统风…	1	方形散流器		管底标高
3	☑ 风口1	1	方形散流器		管底标高
4	⊞ ☑ 系统风…	1	方形散流器		管底标高

1.双击系统/明细单元格，可查看此分组数据
2.当标高选为管中标高方式时，可将风口识别为侧风口

确定　取消

图 3.39　风口识别对话框

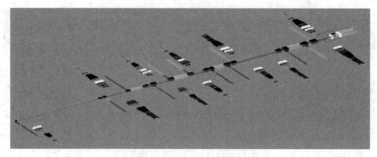
图 3.40　风口识别成果

（5）阀门识别。

阀门识别方式与风口类似，双击导航栏风阀选项卡，切换到风口页面，点击"识别风口"选项卡中的"风阀提量"，然后选择图纸中任意阀门图例，点击右键确认，再点击绘图区左上角的"全图识别"即可。

8）空调水识别

在识别空调水系统之前，先看图例确定各系统线管的分类，在本套图纸中，空调水系统设有空调冷凝水管、空调供水管、空调回水管，图例如图 3.41 所示。

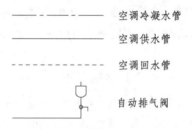
图 3.41　空调水系统图例

根据图纸中的信息分别创建三种系统管道构件，创建时要注意选择正确的系统类型，再根据图纸中各种尺寸的线管分别创建水管管件，如图 3.42 所示。

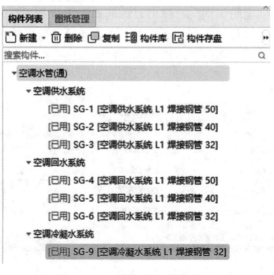
图 3.42　空调水系统管件创建

管线构件创建好后，因为图中管线图层各段尺寸不一样，所以采用"选择识别"功能，按照不同尺寸的管线图层进行识别。采用"选择识别"时先根据管径选择该管径段的图层，右键确定，再选中要识别成的构件，如图中先选择的是直径为"DN40"的空调回水管，所以在列表里先选择之前创建的相应构件，点击确定即可完成构件的创建，如图 3.43 所示。

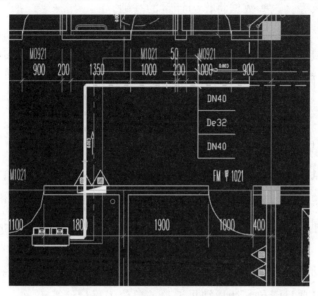

图 3.43　空调水系统管创建

同理，将同层其他构件识别出来，结果如图 3.44 所示。

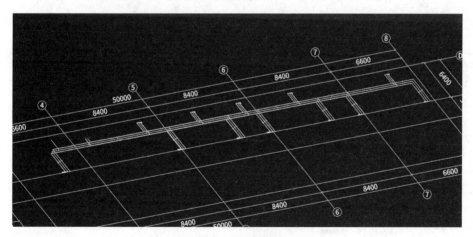

图 3.44　空调水系统管识别结果

【视频演练】

模块 3 视频演练

3.2 工程量汇总

工程量汇总是本实训任务的成果，在工程量汇总过程中需注意以下几点：

（1）数据准备。确保在软件中输入和设置了准确的项目数据，包括楼层信息、房间属性、管道尺寸、设备参数等。这些数据将作为计量的基础。

（2）模型检查。在进行工程量汇总之前，对模型进行检查，确保所有的房间、管道、设备等元素都被正确识别和连接。检查模型时，可使用 GQI 软件的相关工具进行系统校核和分析，确保系统设计符合规范要求。

（3）工程量设置。在 GQI 软件中，进入工程量设置界面，选择需要汇总的工程量类型，如管道工程量、设备工程量等。根据项目需求，在工程量设置界面中选择合适的参数和选项，并设置相应的计量规则。

（4）工程量汇总。进行工程量汇总操作，选择"汇总计算"，选择汇总楼层，由 GQI 软件根据设置的计量规则和参数，自动计算和汇总各个项目工程量。软件将根据模型中的数据和设置，对每个房间、管道、设备等进行相应的计算和累加，生成汇总报表。

（5）报表生成。根据需要，生成工程量汇总的报表，选择"查看报表"。GQI 软件提供了丰富的报表生成功能，可以根据项目要求自定义报表格式和内容，如图 3.45 所示。可以生成的报表包括工程量项目清单、计量结果汇总、单位工程量计算等。

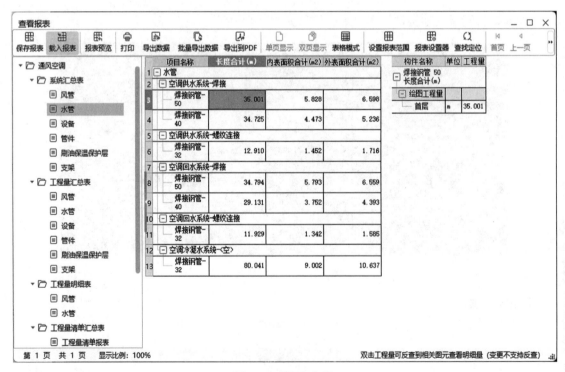

图 3.45　报表查看

（6）校对和审查。对生成的工程量报表进行校对和审查，确保计量结果准确无误。与实际项目进行对比，检查计量数据与设计要求的一致性，并进行必要的调整和修正。

（7）输出和导出。根据需要，将工程量报表输出和导出为其他格式文件，如 Excel、PDF 等，以便进行进一步的分析、分享或提交给相关方。

在进行以上步骤时，需要注意以下几点：

（1）确保输入和设置的数据准确无误，包括房间属性、管道尺寸、设备参数等。

（2）根据项目需求，灵活选择合适的计量规则和参数。

（3）在工程量设置中，仔细检查每个工程量项目的选项和设置，确保符合实际要求。

（4）对生成的工程量报表进行校对和审查，确保计量结果准确无误。

（5）在校对和审查过程中，与实际项目进行对比，确保工程量数据与设计要求的一致性。

（6）在输出和导出报表时，选择合适的格式和设置，确保报表的正确性和一致性。

3.3　基础知识链接

1. 通风工程的概念与分类

通风工程是指通过自然或机械换气的方式，将室内污染空气排出室外，并向室内引入清洁空气，以确保室内空气质量符合人类生活和工作的要求。通风工程主要包括室内通风系统的设计、安装和运行管理等方面。

（1）自然通风。

自然通风是依靠自然气流和气压差来实现室内外空气交换的方式。通过设计合适的通风口、窗户、天窗等，利用自然风力和温度差异来实现空气流动和换气，如果图 3.46 所示。自然通风具有节能、环保的优点，但在某些情况下可能受到外界环境和季节变化的影响。

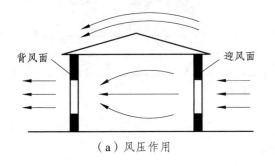
（a）风压作用

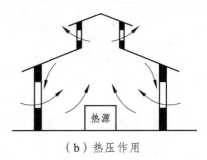
（b）热压作用

图 3.46　自然通风

（2）机械通风。

机械通风是通过机械设备如风机、送风机组等来驱动空气流动和换气的方式。机械通风系统可以根据需要进行控制和调节，适用于需要大量空气流量或特定环境要求的场所，如商业建筑、医院、实验室等。机械通风系统通常需要配备过滤、加热、制冷等设备，以确保送入室内的空气质量和温湿度符合要求。常见的机械通风形式如图 3.47 所示。

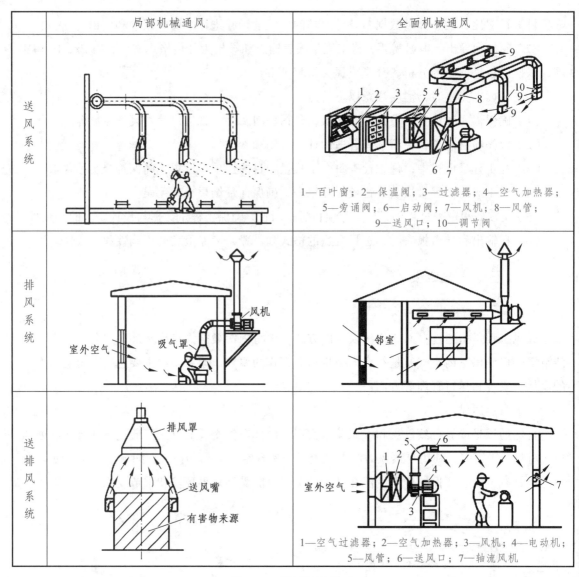

局部机械通风	全面机械通风
送风系统	1—百叶窗；2—保温阀；3—过滤器；4—空气加热器； 5—旁诵阀；6—启动阀；7—风机；8—风管； 9—送风口；10—调节阀
排风系统	
送排风系统	1—空气过滤器；2—空气加热器；3—风机；4—电动机； 5—风管；6—送风口；7—轴流风机

图 3.47　机械通风形式

2. 通风系统常用设备、附件

（1）通风管道。

风管是通风系统中至关重要的组件之一，其主要作用是输送空气。在通风系统中，常见的风管包括镀锌薄钢板风管、塑料风管、玻璃钢风管、铝制风管以及复合风管等。不同的材料具有不同的特点和适用范围。

此外，还可以根据风管的截面形状对其进行分类，主要分为矩形风管和圆形风管，如图3.48所示。矩形风管在空间利用和布置方面具有一定的优势，常用于工业和商业建筑的通风系统。而圆形风管具有流体动力学上的优势，能够减少空气阻力和噪声，常用于大型建筑物、医院和航空航天等领域的通风系统。

（a）圆形风管

（b）矩形风管

图 3.48　风管图片

（2）风口。

室内通风系统中风口分为送风口和排风口。送风口负责将送风管道中的空气按照一定方向和流速均匀地送入室内，以保证室内空气的舒适性和均匀性。常见的送风口包括活动百叶风口、散流器和球形风口等，如图 3.49 所示。它们根据不同的需求和空间布局，提供不同的送风方式和覆盖范围。排风口则负责收集室内的污浊空气，并将其排入排风管道，确保室内空气质量的改善和保持。风口的选择应根据通风系统的设计要求、室内空间的特点和使用需求进行合理配置，以达到理想的通风效果和舒适环境。

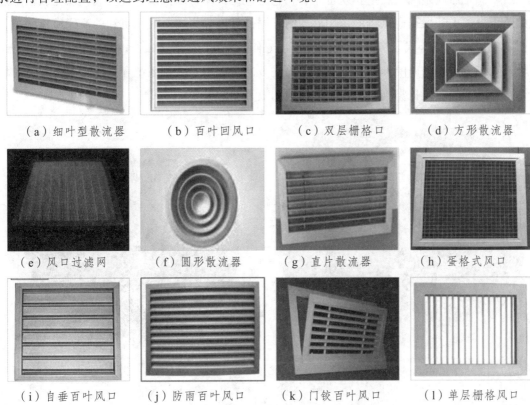

（a）细叶型散流器　　（b）百叶回风口　　（c）双层栅格口　　（d）方形散流器

（e）风口过滤网　　（f）圆形散流器　　（g）直片散流器　　（h）蛋格式风口

（i）自垂百叶风口　　（j）防雨百叶风口　　（k）门铰百叶风口　　（l）单层栅格风口

图 3.49　风口图片

（3）风阀。

通风系统中的风管阀门（风阀）是非常重要的组件，具有多种功能，主要用于启动风机、关闭风道和风口、调节管道内的空气量以及平衡阻力等。根据安装位置的不同，风阀可以安装在风机出口的风道、主干风道、分支风道或空气分布器之前等位置。常见的风阀类型包括插板阀、蝶阀、止回阀和防火阀等，如图 3.50 所示。插板阀通过移动插板来控制风量，蝶阀通过旋转圆盘来调节通风量，止回阀用于防止逆流，而防火阀在发生火灾时能够自动关闭以阻止火势蔓延。选择合适的风阀类型和正确的安装位置对于通风系统的性能和安全非常重要。

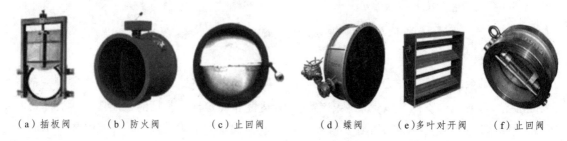

（a）插板阀　　　（b）防火阀　　　（c）止回阀　　　（d）蝶阀　　（e）多叶对开阀　　（f）止回阀

图 3.50　风阀图片

（4）风机。

通风机是通风系统中的主要设备之一，它通过提供动力来推动空气气流，以克服输送过程中的压力损失。根据通风机的作用原理的不同，可以分为离心式风机和轴流式风机两类，如图 3.51 所示。离心式风机通过离心力将空气推向外围，适用于较高的静压和中小型系统。而轴流式风机通过轴向的推力将空气推向前进方向，适用于大型系统和需要较高气流量的场所。选择适当的通风机类型对于系统的性能和效果非常重要。

（a）轴流式风机　　　　　　　　　　　　　（b）离心式风机

图 3.51　风机图片

（5）排风除尘设备。

机械排风系统中，排出的空气常含有大量粉尘，若直接排入大气将污染周围环境并危害居民健康。因此，必须对此空气进行净化，同时回收有用物料。除尘器是用于去除粉尘的设备，常见类型有重力除尘室、旋风除尘器、袋式除尘器、水膜除尘器、静电除尘器等。这些除尘器利用不同原理实现粉尘的分离和过滤，确保排出的空气达到环境卫生标准，并能回收有价值的物料，提高资源利用效率。图3.52为一种常见的排风除尘设备。

图 3.52　排风除尘设备

3. 空气调节的概念与分类

空调（空气调节）是一种通过调节和控制温度、湿度、空气流动速度和洁净度等要素来改善室内环境的技术。它旨在为人们的生活或生产提供一个舒适的室内环境，并确保提供足够的新鲜空气。空调系统通常由空调设备、管道、风口和控制系统等组成。空调的工作原理涉及制冷、加热、循环和通风等过程。通过控制温度和湿度，空调可以提高人们的生活品质，提高工作效率，并确保特定环境条件下的生产质量和安全性。空调系统可按以下几种方式分类：

（1）按空调设备的设置情况分类。

集中式空调系统：通过将各种空气处理设备和风机集中放置在一个专用的机房内，对空气进行集中处理，以提供舒适的室内环境。该系统包括空气处理设备（如冷却器、加湿器、除湿器等）、风机和送风系统。处理后的空气通过送风系统分配到各个空调房间，实现温度、湿度和空气质量的控制。这种系统在大型建筑物中广泛应用，具有集中管理、高效节能和空气分布均匀等优点。它还能够实现集中控制和监测，提高室内舒适度和空气质量。

半集中式空调系统：除了存在集中的空气处理室外，每个空调房间内还配备了二次处理设备，这些设备对来自集中处理室的空气进行进一步的补充处理。二次处理设备的作用是根据实际需求，对空气进行调节、过滤、加湿或除湿等操作，以确保室内空气的质量和舒适性。这样的设计可以更好地满足各个房间的特殊要求，提供更加适宜的室内环境。二次处理设备通常包括风机、过滤器、加湿器或除湿器等组件，通过调节它们的工作状态和参数，实现对空气质量的精确控制和调节。

全分散式空调系统：一种局部空调方式，它将空气处理设备、风机、自动控制系统以及冷、热源等组装在一起，直接安装在需要调节空气的房间内。这种系统具有独立性和灵活性，可以根据具体需求单独控制每个房间的温度和湿度。全分散式空调系统避免了长距离传输空气，减少了空气能量的损失，提高了能源效率。此外，该系统还具有安装简便、维护方便等优点，适用于小型商业建筑、办公室和住宅等场所。

（2）按负担室内负荷所用的介质种类分类。

全空气系统：空调房间内的热、湿负荷全部由经过处理的空气来承担的空调系统。

全水系统：空调房间内热、湿负荷全由水作为冷热介质来承担的空调系统。

空气-水系统：空调房间的热、湿负荷由经过处理的空气和水共同承担的空调系统；

制冷剂系统：依靠制冷系统蒸发器中的氟利昂来直接吸收房间热、湿负荷的空调系统。

4. 空调系统常用设备

（1）空气过滤器。

空气过滤器是对空气进行净化处理的设备，根据过滤效率的高低，通常分为初效过滤器、中效过滤器和高效过滤器三种类型。

初（粗）效过滤器的主要作用是除掉粒径在 5μm 以上的大颗粒灰尘，在洁净空调系统中做预过滤器，以保护中效、高效过滤器和空调箱内其他配件并延长其使用寿命。粗效过滤器形式主要有浸油金属网格过滤器、干式玻璃丝填充式过滤器、粗中孔泡沫塑料过滤器和滤材自动卷绕过滤器等。

中效过滤器的作用主要是除去粒径在 1μm 以上的灰尘粒子，在洁净空调系统和局部净化设备中作为中间过滤器。其目的是减少高效过滤器的负担，延长高效过滤器和设备中其他配件的寿命。这种过滤器的滤料有玻璃纤维、中细孔泡沫塑料和涤纶、丙纶、腈纶等原料制成的合成纤维（俗称无纺布）。

高效过滤器是洁净空调系统的终端过滤设备和净化设备的核心，能去除粒径在 0.5μm 以下的灰尘粒子。这种过滤器的滤料有超细玻璃纤维、超细石棉纤维和滤纸类过滤材料等。

（2）表面式换热器。

表面式换热器是一种常用设备，用于对空气进行冷热处理。它通过金属管表面实现空气与热（冷）媒之间的热量交换，而二者并不直接接触。这种设计既能有效地调节空气温度，又能防止热（冷）媒与空气混合，确保了空气质量和系统的工作效率。

（3）喷水室。

喷水室是空调系统中的关键设备，用于夏季冷却除湿和冬季加热加湿空气。它通过喷入不同温度的水，使空气与水直接接触，调节温度和湿度。喷水室可以实现空气的加热、冷却、加湿、减湿等多种处理过程，应用广泛。此外，喷水室还具备净化空气的能力，能够提高空气质量。喷水室在空调系统中扮演重要角色，为舒适的室内环境提供关键支持。

（4）加湿器。

加湿器是一种用于提高空气湿度的设备，主要有干蒸汽加湿器和电加湿器两种常见类型。干蒸汽加湿器通过加热水来产生干蒸汽，然后将其释放到空气中，从而增加空气中的湿度。电加湿器则利用电能将水分转化为微细水雾，并通过风扇散发到空气中。

（5）VAV 变风量末端装置。

变风量末端装置是空调系统中的重要组成部分，它是实现变风量系统的关键设备。变风量系统（Variable Air Volume System）通过末端装置调节送风量，以满足不同负荷条件下的室温需求。这种系统可以根据室内负荷变化自动调节送风量，提供舒适的室内环境。末端装置可以是可调风门、风机盘管或风口等。通过精确控制送风量，变风量末端装置实现了能效优化和室内温度稳定控制，提高了空调系统的性能和效果。

（6）冷水机组。

冷水机组是用来生产冷冻水的主要设备，也被称为冷冻机、制冷机、冰水机、冻水机、冷却机等。根据制冷原理，可分为蒸发式制冷机组和吸收式制冷机组。蒸发式制冷机组又包括螺杆式和涡旋式冷水机组。常见的蒸发式制冷机组由压缩机、蒸发器、冷凝器和膨胀阀组成。根据冷凝器的冷却方式，还可分为水冷和风冷制冷机组。

（7）诱导风机。

诱导风机又称射流风机或接力风机，是一种用于通风换气的设备。它通过高效率离心风机将空气送入目标区域，实现最佳的室内气流组织。诱导风机具有噪声低、体积小、重量轻、吊装方便（可垂直或水平安装）、维护简单等特点。它广泛应用于地下停车场、体育馆、车间、仓库、商场、超市、娱乐场所等大型场所的通风。

（8）消声器及减振装置。

消声器是用于减少通风管道传播的空气动力噪声的设备。根据工作原理，包括阻性消声器（如管式、片式、格式、折半式、声流式）、抗性消声器、共振型消声器和复合式消声器。此外，还有消声弯头和消声静压箱等其他类型。消声器的选择和设计可以有效控制空调系统噪声，提高室内舒适度。

（9）帆布软管接口。

空调风管用帆布软管接口起到减少风管与设备共振的作用，多采用帆布、涂胶帆布、陶瓷帆布为主。

（10）设备隔振。

机房内各种有运动部件的设备（风机、水泵、制冷压缩机）在运转时都会产生振动，直接传给基础和连接的管件，并以弹性波的形式从机器基础沿房屋结构传到其他房间去，又以噪声的形式出现。另外，振动还会引起构件（楼板）或管道振动，有时危害安全。因此对振源需要采取隔振措施。

（11）空调水系统。

空调水系统包括冷、热水系统及冷却水系统、冷凝水系统三部分。

冷、热水系统：空调冷、热源制取的冷、热水，要通过管道输送到空调机组或风机盘管或诱导器等末端处，输送冷、热水的系统称为冷、热水系统。

冷却水系统：空调系统中专为水冷冷水机组冷凝器、压缩机或水冷直接蒸发式整体空调机组提供冷却水的系统，称为冷却水系统。

冷凝水系统：空调系统中为空气处理设备排除空气去湿过程中的冷凝水而设置的水系统，称为冷凝水系统。

4 成果评价

学生根据实训过程，按表3.1对本实训项目进行整体评价。

表 3.1　实训成果评价表

评价项目	内容
自我评估、反思，以及能力提升情况	对实训过程中自我能力提升情况的评估
	对实训过程中优点和不足的反思分析
	个人技能、知识和能力的成长和提升情况
自我评价：	
针对计量结果和清单进行评价和反馈	对实训项目计量结果的准确性进行评价
	对计量清单的完整性和规范性进行评价
	给出改进建议和反馈以提高计量效果
自我评价：	
探讨实训中遇到的问题和解决方法	列出实训过程中遇到的问题和困难
	提供解决问题的方法和策略
	讨论在解决问题过程中的学习和成长
自我评价：	
总结实训经验，提出改进和建议	总结实训过程中的收获和经验
	提出改进实训方案的建议和想法
	对实训教学方法、资源和环境的建议
自我评价：	
其他评价	实训成果展示的质量和呈现方式评价
	团队合作和沟通能力的发展情况
	专业素养和职业道德的表现与提升
自我评价：	

模块4
电气工程计量

1 任务布置

1.1 实训目标

（1）了解电气工程的组成、电气工程常用材料与设备的种类及电气施工方法，能够熟练识读电气工程施工图，为工程计量奠定基础。

（2）熟悉电气工程消耗量定额的内容及使用定额的注意事项。

（3）掌握电气工程量计算规则，能熟练计算电气工程的工程量。

（4）熟悉电气工程清单项目设置的内容，能独立编制电气工程分部分项工程量清单。

1.2 实训任务和要求

本次实训任务的主要内容是根据提供的综合楼电气专业图纸，利用 GQI 软件进行算量计算。学生需要按照指定的步骤和要求，完成以下任务：

（1）熟悉电气专业图纸，理解其中的符号和标识，确保准确理解图纸内容。

（2）在 GQI 软件中导入电气专业图纸，并设置系统参数，如工程信息、楼层设置、计算设置等。

（3）在 GQI 软件中利用电气系统图、平面图建立集设备、灯具、插座开关、管线桥架等于一体的三维 BIM 计量模型。

（4）利用 GQI 软件提供的汇总计算工程，计算配电箱、灯具、开关、插座、桥架、配管、配线和防雷接地的工程量。

（5）生成综合楼电气专业工程的设备清单和材料清单，以及相关的报表和文档。

1.3 实训图纸和设计要求

本工程项目名称为综合楼，电气施工图共 16 张，主要包括：电气设计总说明、配电系统图、地下层—屋顶配电平面图、地下层—屋顶照明平面图、防雷平面图、接地平面图等。

CAD 图纸请扫二维码获取。

模块 4 实训图纸

1.4 实训过程中的注意事项和安全规范

1. 注意事项

（1）仔细阅读和理解实训任务的要求和图纸，确保准确理解计量的目标和要求。

（2）在实施计量之前，熟悉 GQI 软件的功能和操作方法，确保能正确使用软件进行计量。

（3）细心观察图纸，注意标识符号和尺寸要求，确保计量结果准确。

（4）严格遵循计量步骤和方法，确保计量过程的准确性和可靠性。

（5）做好记录和数据整理工作，确保实训成果的完整性和可追溯性。

（6）在实训过程中，保持良好的沟通和合作，与同学和教师密切配合，共同完成实训任务。

2. 安全规范

（1）在使用 GQI 软件进行计量时，遵守软件的安全操作规范，确保操作正确且不损坏软件或系统。

（2）如果需要使用工具、设备进行实验或操作，需正确使用并严格遵守相关的安全操作规程。

（3）如果有任何意外事故或紧急情况发生，立即向教师或指导员报告，并按照相关应急措施进行处理。

2 任务分析

2.1 电气专业工程的计量要求和重要性分析

1. 计量要求

设备数量和规格：准确计算电气专业工程中所需的设备数量和规格，包括配电箱、控制箱等，以满足设计要求。

材料用量和规格：计量电气专业工程所需的材料用量和规格，如配管、配线、桥架、灯具、开关、插座等，确保材料的准确采购和合理使用。

2. 计量重要性

设备和材料准确采购：通过工程计量，能够准确确定电气专业工程所需的设备数量和材料用量，确保物资的合理利用和成本控制。

设计方案优化：通过计量分析，可以评估不同设计方案的效果和性能，选择最优方案，提高给电气系统的效率与稳定性。

2.2 电气专业工程图纸和相关标识符号分析

1. 电气专业工程图纸分析

本实训选择综合楼建筑项目，是一栋单体办公建筑，建筑高度为 10.350 m，地下 1 层，地上 3 层，结构形式为框架结构。

电气工程专业施工图共 16 张，主要包括：电气设计总说明、配电系统图、地下层—屋顶配电平面图、地下层—屋顶照明平面图、防雷平面图、接地平面图等。

2. 阅读设计说明和施工说明

设计说明通常放在图纸目录后，一般应当包括工程概况、设计依据、设计范围等。

在本教材所提供的电气专业施工图中，设计说明包括：电气-01、电气设计总说明一、图纸目录；电气-02、电气设计总说明二、设备材料表。

3. 配电系统图

配电系统图包括变配电系统图的供配电系统图、照明工程的照明系统图、电缆电视系统图等。系统图反映了系统的基本组成、主要电气设备、元件之间的连接情况以及它们的规格、型号、参数等。本工程电气系统图主要有竖向配电系统图和配电箱系统图。

（1）竖向配电系统图。

竖向配电系统图以建筑物为单位，自电源点开始至终端配电箱（控制箱）止，按设备所处相应楼层绘制。需标注线路回路编号、配电箱（控制箱）的编号、容量。本工程竖向配电系统图如图 4.1 所示。

（2）配电箱系统图。

配电箱系统图应标注配电箱编号、型号，进线回路编号；标注各开关（或熔断器）型号、规格、整定值；配出回路编号、导线型号规格（对于单相负荷应标明相别），对有控制要求的回路应提供控制原理图或文字说明；对重要负荷供电回路宜标明用户名称。本工程配电箱（控制箱）系统图如图 4.2 所示。

4. 电气平面图

电气平面布置图是电气施工图中的重要图纸之一，如变、配电所电气设备安装平面图、照明平面图、防雷接地平面图等，用来表示电气设备的编号、名称、型号及安装位置、线路的起始点、敷设部位、敷设方式及所用导线型号、规格、根数、管径等。通过阅读系统图，了解系统基本组成之后，就可以依据平面图编制工程预算和施工方案，然后组织施工。本工程电气平面图包括配电平面图、照明平面图、防雷平面图和接地平面图。

（1）配电平面图。

配电平面图应包括建筑门窗、墙体、轴线、主要尺寸、工艺设备编号及容量；布置配电箱、控制箱，并注明编号；绘制线路始、终位置（包括控制线路），标注回路规格、编号，图纸应标注比例。

（2）照明平面图。

照明平面图应包括建筑门窗、墙体、轴线、主要尺寸、间名称、绘制配电箱、灯具、开关、插座、线路等平面布置，标明配电箱编号，干线、分支线回路编号、敷设方式等；凡需要二次装修部位，其照明平面图随二次装修设计，但配电或照明平面图上应相应标注预留配电箱，并标注预留容量；图纸应标注比例。

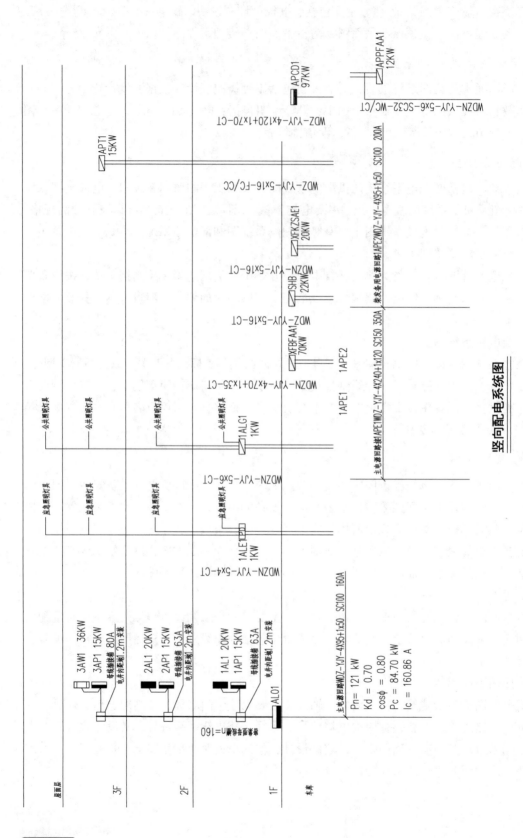

图 4.1 竖向配电系统图

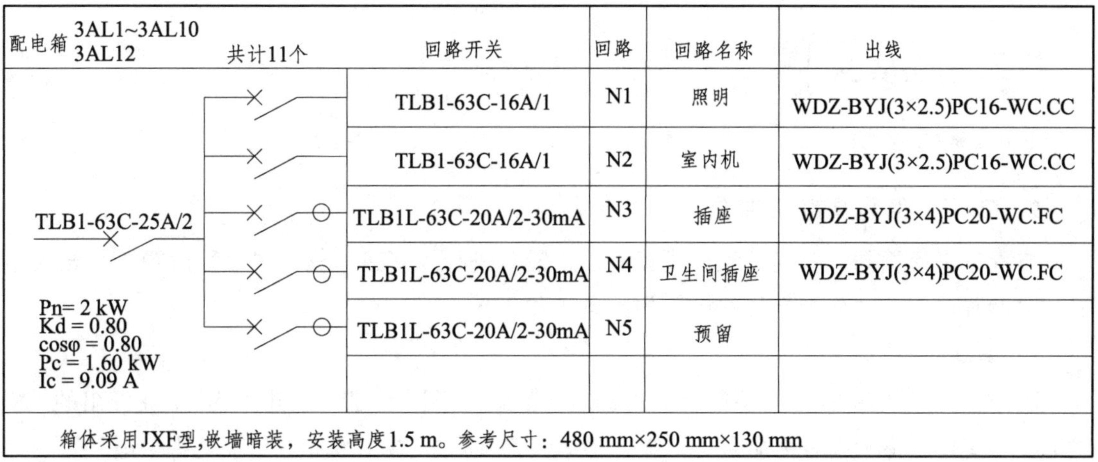

配电箱 3AL1~3AL10 3AL12	共计11个	回路开关	回路	回路名称	出线
		TLB1-63C-16A/1	N1	照明	WDZ-BYJ(3×2.5)PC16-WC.CC
		TLB1-63C-16A/1	N2	室内机	WDZ-BYJ(3×2.5)PC16-WC.CC
TLB1-63C-25A/2		TLB1L-63C-20A/2-30mA	N3	插座	WDZ-BYJ(3×4)PC20-WC.FC
		TLB1L-63C-20A/2-30mA	N4	卫生间插座	WDZ-BYJ(3×4)PC20-WC.FC
P_n= 2 kW K_d = 0.80 $\cos\varphi$ = 0.80 P_c = 1.60 kW I_c = 9.09 A		TLB1L-63C-20A/2-30mA	N5	预留	
箱体采用JXF型,嵌墙暗装,安装高度1.5 m。参考尺寸：480 mm×250 mm×130 mm					

图 4.2　配电箱系统图

（3）防雷接地平面图。

建筑物防雷平面图，应有主要轴线号、尺寸、标高、标示避雷针、避雷带、引下线位置、注明材料型号规格、所涉及的标准图编号和页次，图纸应标注比例。

接地平面图（可以防雷顶层平面重合），绘制接地线接地极、测试点、断接卡等的平面位置，标明材料型号、规格、相对尺寸等涉及的标准图编号、页次（当利用自然接地装置时，可不出此图），图纸应标注比例。

当利用建筑物钢筋混凝土内的钢筋作为防雷接闪器、引下线、接地装置时，应标记连接点、接地电阻测试点、预埋件位置及敷设方式，标记所涉及的标准图编号、页次。

2.3　GQI 软件在电气专业工程计量中的应用优势

（1）自动化计量。GQI 软件通过图纸导入和参数设定，能够自动进行电气系统的计量计算。它能够快速准确地分析图纸中的各个组件和要素，并根据设定的参数进行计算，省去了手工计算的烦琐过程，提高计量效率。

（2）综合计算功能。GQI 软件提供配电箱、灯具、开关、插座、配管、配线和电缆等元素的计量功能。它能够根据图纸中的布置和要求，综合计算各个组件的数量、规格和用量。这使得电气系统的算量计算更加全面和准确。

（3）设备清单生成。GQI 软件能够根据计量结果自动生成电气系统的设备清单。清单中包括设备的型号、规格和数量，方便工程人员采购材料和安装设备。

（4）材料清单生成。除了设备清单，GQI 软件还能生成电气系统的材料清单。清单中列出了所需的灯具、开关、插座和配管配线等材料的规格和用量，帮助工程人员进行材料预估和采购。

（5）可视化展示。GQI 软件通过图表、图像等方式可视化展示计量结果和清单内容。这样的展示形式使得信息更加清晰明了，方便用户理解和使用。

3.1 模型创建

1. 电气工程算量前期准备

与管道工程相同，电气工程正式算量前也需要进行"新建工程""工程设置""导入图纸""设置比例""分割定位图纸"的准备工作。

1）新建工程

双击打开广联达 BIM 安装计量 GQI2021，点击"新建"选择"新建工程"，在弹出的"新建工程"窗口，将工程名称命名为"综合楼-电气工程"，在工程专业里面选择"电气"，计算规则选择"工程量清单项目设置规则 2013"，按照具体情况选择清单库和定额库，如图 4.3 所示。完成后点击"创建工程"命令，进入建模界面。

图 4.3 新建工程

2）工程设置

进入软件界面后，首先需要完成工程设置面板中的工程信息、楼层设置、计算设置的基本设置。

（1）工程信息。

单击工程设置面板中的"工程信息"命令，在弹出的"工程信息"对话框中，完善相关信息。如图 4.4 所示。其中"工程名称""计算规则""清单库""定额库"的内容应与图 4.3 中信息一致。"工程类别""结构类型"等可以根据图纸直接输入，但这些信息输入与否不影响工程量计算结果。

图 4.4　工程信息

（2）楼层设置。

电气工程楼层设置方法与其他专业一致，本案例工程参照模块一的楼层设置方法进行电气工程楼层设置，各楼层设置完毕后，如图 4.5 所示。

图 4.5　楼层设置

（3）计算设置。

单击工程设置面板中的"计算设置"命令，弹出"计算设置"对话框，软件内置信息是按照国家相应规范进行设置，一般情况不做修改，如图 4.6 所示。

计算设置

图 4.6　计算设置

3）导入图纸并处理

（1）添加图纸。

在"图纸预处理"工作面板中，单击"添加图纸"命令，在弹出的"添加图纸"对话框中，找到图纸存放位置，如图 4.7 所示。

图 4.7　导入图纸

选中"综合楼-电气",点击"打开"命令,将综合楼电气施工图导入软件中,如图 4.8 所示。

图 4.8　图纸导入

（2）设置比例。

在"图纸预处理"工作面板中,单击"设置比例"命令,根据状态栏的文字提示,先框选需要修改比例的 CAD 图元（此处以 1 轴和 2 轴尺寸标注为例）,单击右键确认,选取该尺寸标注的起始点和终点,再单击鼠标右键,在弹出的"尺寸输入"对话框中可以看到量取长度为 6 000 mm,与标注一致,表明比例尺正确,单击"确定"命令即可,如图 4.9 所示。若对话框显示量取的尺寸与标注不一致,则输入正确标注尺寸,单击"确定"即可。

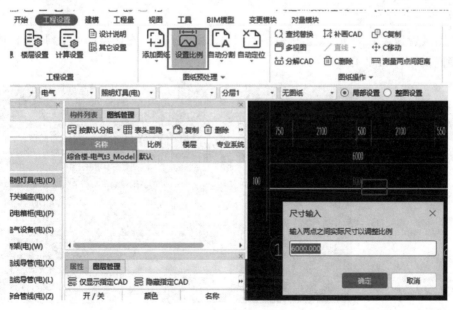

图 4.9　比例设置

（3）分割定位图纸。

随后进行图纸分割定位，其具体操作方法与模块1的图纸分割定位操作一致。其定位点同样选取轴线1和轴线A的交点，各楼层配置好分割定位完成的图纸后，如图4.10所示。

名称	比例	楼层	专业系统	分层
□ 综合楼-电气t3_Model	默认			
地下一 综合楼-电气t3_Model	默认	第-1层	照明系统	分层1
地下一层配电平面图	默认	第-1层	动力系统	分层2
接地平面图	默认	第-1层	防雷接地系统	分层3
一层照明平面图	默认	首层	照明系统	分层1
一层配电平面图	默认	首层	动力系统	分层2
二层照明平面图	默认	第2层	照明系统	分层1
二层平面图	默认	第2层	动力系统	分层2
三层照明平面图	默认	第3层	照明系统	分层1
三层配电平面图	默认	第3层	动力系统	分层2
屋顶照明平面图	默认	屋面	照明系统	分层1
屋顶层配电平面图	默认	屋面	动力系统	分层2
防雷平面图	默认	屋面	防雷接地系统	分层3

图 4.10　分割定位后图纸管理对话框

2. 设备提量

将菜单栏的选项卡切换到"建模"，按照左侧导航栏构件列表顺序，依次识别照明灯具、开关插座和配电箱柜。

1）识别照明灯具

在"图纸管理"工作区，双击"一层照明平面图"，将绘图区域的 CAD 底图切换成"一层照明平面图"，如图 4.11 所示。

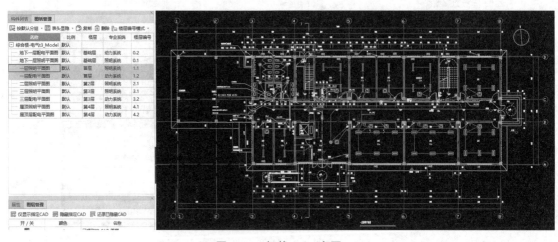

图 4.11　切换 CAD 底图

在左侧导航栏单击选中"照明灯具（电）"命令，单击识别照明灯具工作面板中"设备提量"命令，根据下方状态栏的文字提示，单击左键在 CAD 底图上选中灯具图例符号，点击右键确认，弹出"选择要识别成的构件"对话框，如图 4.12 所示。

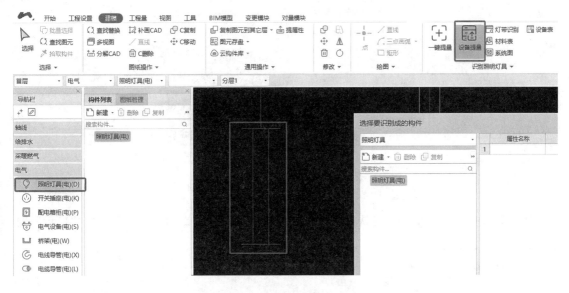

图 4.12　识别灯具操作命令

按照图纸要求新建灯具并设置属性。以图中双管荧光灯为例，在弹出的"选择要识别成的构件"对话框中，单击"新建"，选择"新建灯具（只连单立管）"命令，新建灯具构件，如图 4.13 所示。在属性列表中，根据图纸图例信息，将名称、类型改为双管荧光灯，规格型号改为 220 V，2×21 W，标高改为层底标高 + 2.5 m，如图 4.14 所示。

图 4.13　新建灯具命令

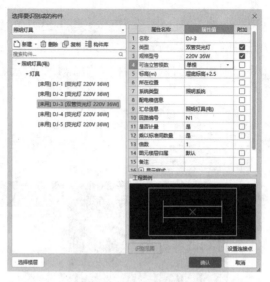

图 4.14 "选择要识别成的构件"对话框

属性修改完毕后，单击"确认"命令，软件自动进行灯具识别，识别后弹出"提示"对话框，如图 4.15 所示。

图 4.15 灯具识别完成后"提示"对话框

单击"确定"命令后，灯具识别完成，可通过"动态观察"功能，查看灯具三维效果，如图 4.16 所示。

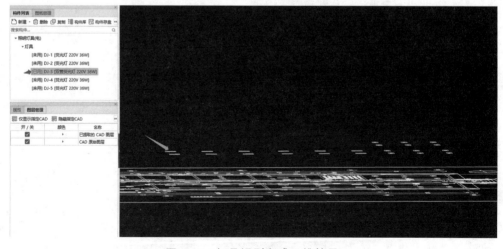

图 4.16 灯具识别完成三维效果

按照同样的方法，完成其余照明灯具的识别。

2）识别开关、插座

（1）识别开关。

在左侧导航栏单击选中"开关插座（电）"命令，单击识别开关插座工作面板中"设备提量"命令，根据下方状态栏的文字提示，单击左键在 CAD 底图上选中开关图例符号，点击右键确认，弹出"选择要识别成的构件"对话框，如图 4.17 所示。

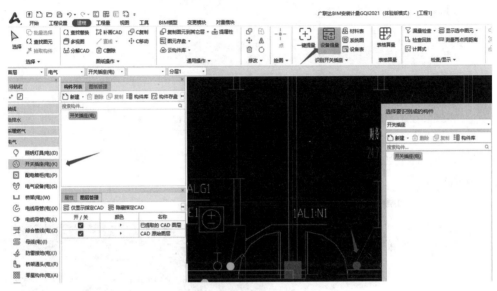

图 4.17　识别灯具操作命令

按照图纸要求新建开关并设置属性。以图中暗装单联开关为例，在弹出的"选择要识别成的构件"对话框中，单击"新建"，选择"新建开关（只连单立管）"命令，新建开关构件，如图 4.18 所示。在属性列表中，根据图纸图例信息，将名称改为暗装单联开关，类型为单联单控开关，规格型号改为 10A，标高改为层底标高 + 1.3 m，如图 4.19 所示。

选择要识别成的构件

开关插座

新建 · 删除 复制 构件库

新建开关(只连单立管)
新建开关(可连多立管)
新建插座(只连单立管)
新建插座(可连多立管)
新建按钮(只连单立管)
新建按钮(可连多立管)
新建其它(只连单立管)
新建其它(可连多立管)

	属性名称	属性值	附加
1	名称	双联单控暗开关	
2	类型	双联单控暗开关	☑
3	规格型号	10A	☑
4	可连立管根数	多根	☐
5	标高(m)	层底标高+1.4	☐
6	所在位置		☐
7	系统类型	照明系统	☐
8	配电箱信息		☐
9	汇总信息	开关插座(电)	☐
10	回路编号	N1	☐
11			

图 4.18　新建开关命令

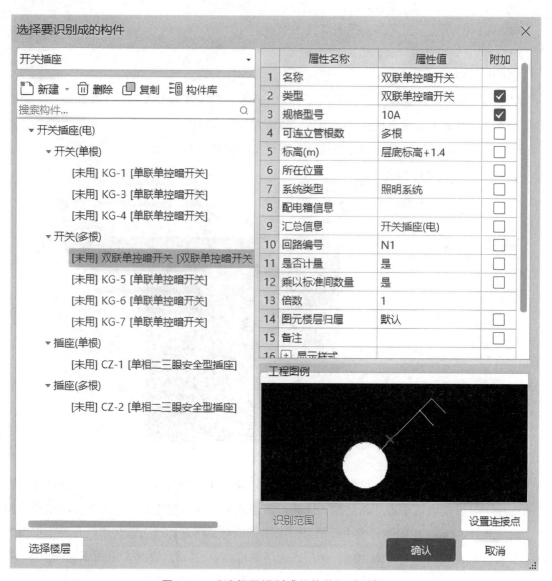

图 4.19　"选择要识别成的构件"对话框

　　属性修改完毕后，单击"确认"命令，软件自动进行开关识别，识别后弹出"提示"对话框，如图 4.20 所示。

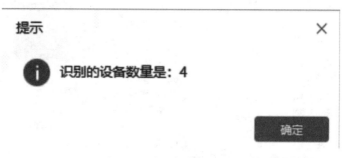

图 4.20　灯具识别完成后"提示"对话框

单击"确定"命令后，开关识别完成，可通过"动态观察"功能，查看开关三维效果，如图 4.21 所示。

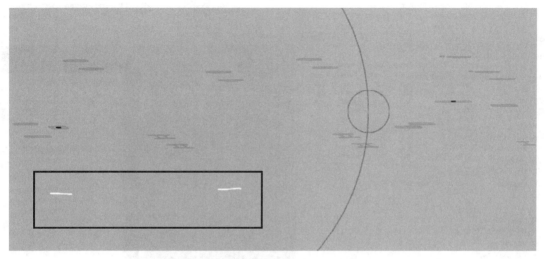

图 4.21　开关识别完成三维效果

按照同样的方法，完成其余开关的识别。

（2）识别插座。

在"图纸管理"工作区，双击"一层配电平面图"，将绘图区域的 CAD 底图切换成"一层配电平面图"，如图 4.22 所示。

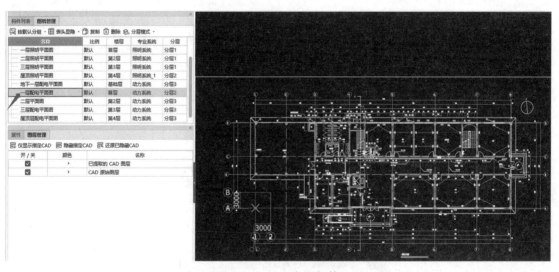

图 4.22　CAD 底图切换

在左侧导航栏单击选中"开关插座（电）"命令，单击"识别开关插座"工作面板中"设备提量"命令，根据下方状态栏的文字提示，单击左键在 CAD 底图上选中插座图例符号，点击右键确认，弹出"选择要识别成的构件"对话框，如图 4.23 所示。

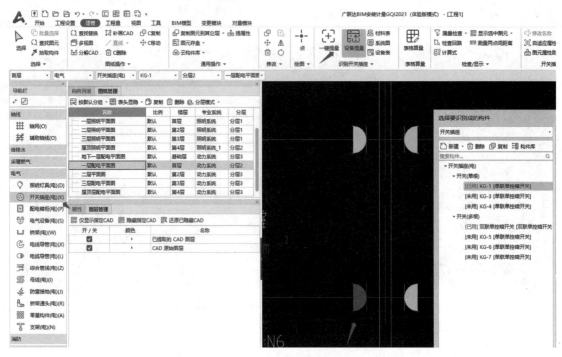

图 4.23　识别插座操作命令

　　按照图纸要求新建插座并设置属性。以图中暗装单相插座为例,在弹出的"选择要识别成的构件"对话框中,单击"新建",选择"新建开插座(可连多立管)"命令,新建开关构件,如图 4.24 所示。在属性列表中,根据图纸图例信息,将名称改为暗装单相插座,类型为单相五孔插座,规格型号改为 10A、250 V,标高改为层底标高 + 0.3 m,如图4.25 所示。

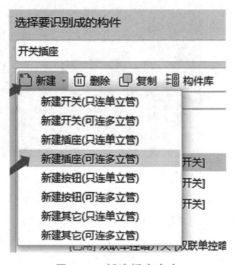

图 4.24　新建插座命令

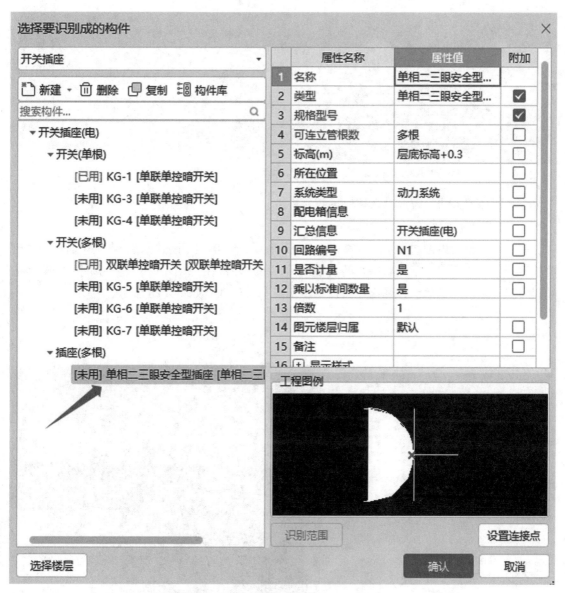

图 4.25 "选择要识别成的构件"对话框

属性修改完毕后,单击"确认"命令,软件自动进行插座识别,识别后弹出"提示"对话框,如图 4.26 所示。

图 4.26 插座识别完成后"提示"对话框

单击"确定"命令后,插座识别完成,可通过"动态观察"功能,查看开关三维效果,如图 4.27 所示。

图 4.27　插座识别完成三维效果

按照同样的方法，完成其余插座的识别。

3）识别配电箱柜

在左侧导航栏单击选中"配电箱柜（电）"命令，单击"识别配电箱柜"工作面板中"配电箱识别"命令，根据下方状态栏的文字提示，单击左键在 CAD 底图上选中配电箱图例符号和标识，点击右键确认，弹出"构件编辑窗口"对话框，如图 4.28 所示。

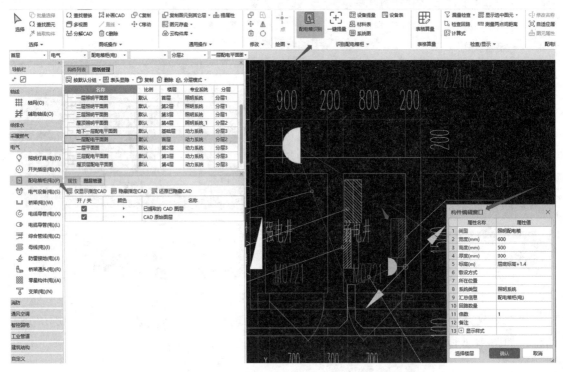

图 4.28　识别配电箱柜操作命令

按照图纸中配电箱的信息，修改属性列表内容。以 AL01 为例，在属性列表中，根据图纸图例和配电箱系统图信息，将类型改为进线配电箱，宽度、高度、厚度依次改为 600、400、400，标高改为层底标高 + 0.5 m，如图 4.29 所示。

确认信息修改无误后，单击"确认"命令，弹出"提示"对话框，如图 4.30 所示。单击"定位检查"命令，出现"配电箱定位检查"对话框，如图 4.31 所示，双击查找结果中出现的问题，绘图区域自动切换到未找到标识处，检查可发现，图上实际只有一个配电箱 AL01

已经识别，可忽略该提示，直接点击"关闭"命令即可。

图 4.29　修改后的"构件编辑窗口"对话框　　　图 4.30　配电箱识别完成后"提示"对话框

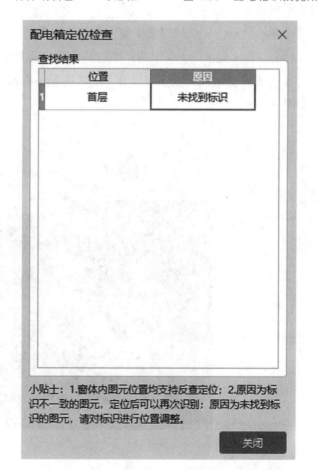

图 4.31　"配电箱定位检查"对话框

单击"关闭"命令后，配电箱识别完成，可通过"动态观察"功能，查看配电箱三维效果，如图 4.32 所示。按照同样的方法，完成其余插座的识别。

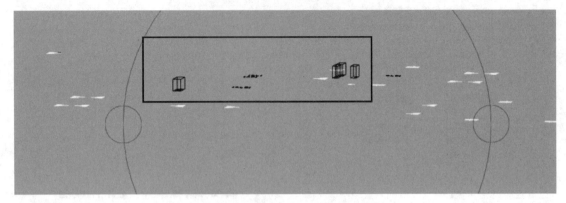

图 4.32 配电箱识别完成三维效果

4）一键提量

设备提量可以按照以上顺序依次识别灯具、开关、插座和配电箱柜，也可利用"一键提量"功能一次性识别所有设备。

在"图纸管理"工作界面，双击"二层照明平面图"，将绘图区域切换到二层的照明平面。左侧导航栏选择"照明灯具（电）"，在识别照明灯具的工作面板中，单击"一键提量"命令，如图 4.33 所示（也可在开关插座导航窗口操作）。单击鼠标右键确认后，弹出"构件属性定义"对话框，如图 4.34 所示。

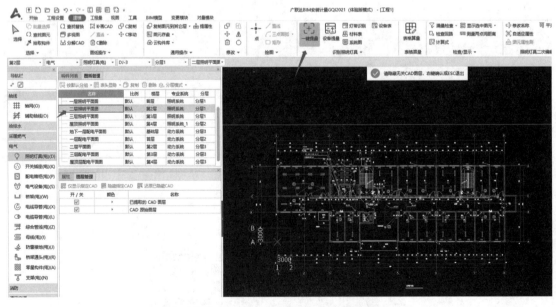

图 4.33 "一键提量"命令操作

分类	生成范围	图例	对应构件	构件名称	规格型号	类型	标高(m)
	☑		灯具(只连单立管)	建筑-二层|TwtSys-1	220V 36W	建筑-二层|TwtSys-1	层顶标高
	☑		灯具(只连单立管)	建筑-二层|TwtSys	220V 36W	建筑-二层|TwtSys	层顶标高
	☑		灯具(只连单立管)	建筑-二层|FDZXFGZGCFH	220V 36W	建筑-二层|FDZXFGZGCFH	层顶标高
	☑		灯具(只连单立管)	建筑-二层|yp1	220V 36W	建筑-二层|yp1	层顶标高
	☑		灯具(只连单立管)	建筑-二层|lvtry-3	220V 36W	建筑-二层|lvtry-3	层顶标高
	☑		灯具(只连单立管)	建筑-二层|lvtry-2	220V 36W	建筑-二层|lvtry-2	层顶标高
	☑		灯具(只连单立管)	建筑-二层|lvtry-1	220V 36W	建筑-二层|lvtry-1	层顶标高
	☑		灯具(只连单立管)	建筑-二层|lvtry	220V 36W	建筑-二层|lvtry	层顶标高
	☑		灯具(只连单立管)	建筑-二层|M_E13	220V 36W	建筑-二层|M_E13	层顶标高
	☑		设备	风机盘管		风机盘管	层底标高
	☑		设备	接线盒		接线盒	层底标高
	☑		灯具(只连单立管)	应急疏散指示标识灯(向右)	220V 36W	应急疏散指示标识灯(向右)	层顶标高
	☑		灯具(只连单立管)	应急疏散指示标识灯(向左、向右)	220V 36W	应急疏散指示标识灯(向右)	层顶标高

选择楼层　删除　提属性　　　　　　　确定　取消

图 4.34　"构件属性定义"对话框

查看"构件属性定义"对话框中内容，可以发现有部分构件不属于电气工程。可以通过双击"图例"，切换到该图例所在位置，检查其是否属于电气设备。以吸顶灯（LED 灯）为例，双击图例符号 [生成范围 图例 对应构件 / ☑ 灯具(只连单立管)]，绘图区域自动切换到该图例所在位置，检查无误，同时在图例符号右侧出现" [图例] "按钮，单击该按钮，软件自动弹出"设置连接点"对话框，可以通过点击鼠标左键修改灯具连接位置，如图 4.35 所示。修改完成后，点击"确定"命令即可。

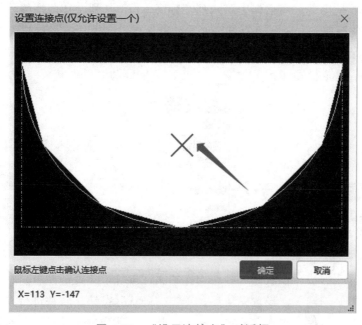

图 4.35　"设置连接点"对话框

双击"构件属性定义"对话框中第二列"对应构件"列，在此列的单元格右侧会出现下拉按钮，点击此按钮，出现下拉列表，如图 4.36 所示。选择其中需要的选项"照明灯具（电）"，即可修改图例为相应构件。

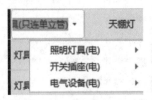

图 4.36　"对应构件"下拉列表

双击"构件属性定义"对话框中第三列"构件名称"列，构件名称单元格被选中，可以手动编辑构件名称为吸顶灯（LED 灯），如图 4.37 所示。

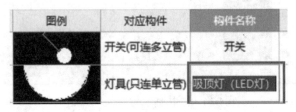

图 4.37　选中并修改的构件名称

双击"构件属性定义"对话框中第四列"规格型号"列，规格型号单元格被选中，可以手动编辑构件型号规格为 220 V 18 W，如图 4.38 所示。

双击"构件属性定义"对话框中第五列"类型"列，在此列的单元格右侧会出现下拉按钮，点击此按钮，出现下拉列表，如图 4.39 所示。选择其中需要的选项"普通吸顶灯"，即可修改灯具类型。

双击"构件属性定义"对话框中第六列"标高（m）"列，在此列的单元格右侧会出现下拉按钮，点击此按钮，出现下拉列表，如图 4.40 所示。选择其中需要的选项"层顶标高"，即可修改灯具安装标高。注意此处可以在下拉列表选择层顶标高或层底标高，也可以直接手动输入对应标高，完成设置。

图 4.38　选中并修改的规格型号　　图 4.39　"类型"下拉列表　　图 4.40　"标高（m）"下拉列表

按照相同的操作方法，依次完成其他构件的属性设置（此处需注意，在不属于电气工程的构件图例前方取消勾选），设置完毕后，单击"确认"按钮，软件进行自动识别，之后会弹出"识别完毕"提示框。点击"确定"命令，软件自动弹出"设备表"对话框，如图 4.41

所示。所有被识别的设备都出现在设备表，并统计识别数量。双击任意设备行，软件绘图区域会显示所有被选中的该设备且自动切换到该设备处，检查无误后，关闭设备表。

序号	图例	对应构件	构件名称	类型	规格型号	标高(m)	数量(个)
1		照明灯具(电)	双管荧光灯-1	双管荧光灯	220V 36W	层顶标高	32
2		照明灯具(电)	格栅灯（LED灯）	格栅灯（LED灯）	220V 2*21W	层顶标高	24
3		照明灯具(电)	天棚灯	天棚灯	220V 36W	层顶标高	11
4		照明灯具(电)	自蓄电应急灯	荧光灯	36V 6W	层底标高+2.4	10
5		照明灯具(电)	吸顶灯（LED灯）	吸顶灯（LED灯）	220V 18W	层顶标高	8
6		照明灯具(电)	自带电源的应急照明灯	自带电源的应急照明灯	220V 36W	层顶标高	8
7		照明灯具(电)	双管格栅灯	双管格栅灯	220V 36W	层顶标高	8
8		照明灯具(电)	防水防尘灯-1	防水防尘灯	220V 36W	层顶标高	6
9		照明灯具(电)	防水防尘灯	防水防尘灯	220V 21W	层顶标高	5
10		照明灯具(电)	吸顶灯（LED声光控灯）	吸顶灯（LED声光控灯）	220V 18W	层顶标高	4
11		照明灯具(电)	安全出口灯	安全出口灯	36V 1.5W	层底标高+2.5	4
12		照明灯具(电)	声控吸顶灯	声控吸顶灯	220V 36W	层顶标高	4

导出到Excel

图 4.41　"设备表"对话框

3．识别桥架

1）桥架识别

在"图纸管理"工作区，双击"一层配电平面图"，将绘图区域的 CAD 底图切换成"一层配电平面图"。在左侧导航栏单击选中"桥架（电）"命令，单击"识别桥架"工作面板中"桥架系统识别"命令，软件自动弹出"桥架识别"对话框，如图 4.42 所示。

图 4.42　"桥架识别"对话框

根据对话框内提示顺序和下方状态栏的文字提示，单击左键在 CAD 底图上选中桥架的 CAD 线，点击右键确认，提示框自动跳到第二项"选择桥架类型"，图上未明确，可不选择，直接单击鼠标右键，提示框跳到第三项"选择规格标注"，单击左键选择 CAD 图上桥架规格类型"强电桥架 200×100"，右键确认。再点击提示框右下角的"自动识别"命令。软件自动在绘图区域识别生成桥架，并弹出"桥架系统识别"对话框，如图 4.43 所示。

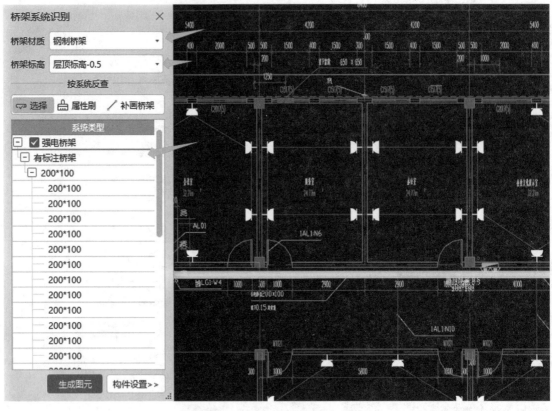

图 4.43 "桥架系统识别"对话框

在"桥架系统识别"对话框中可手动修改桥架材质和桥架标高。单击系统类型下方的桥架规格，绘图区域会自动跳到相应的桥架位置，检查无误后单击"生成图元"命令，桥架即可自动生成。并可通过"动态观察"功能，查看桥架三维效果，如图 4.44 所示。

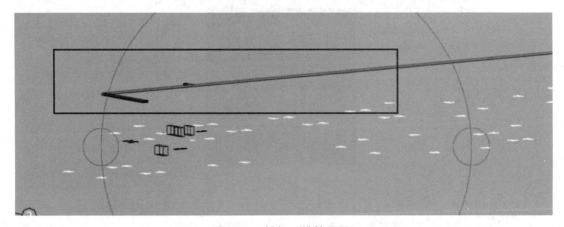

图 4.44 桥架三维效果图

2）布置垂直桥架

一层配电平面图上电井位置桥架应通过垂直桥架连接配电箱。在配电箱已经生成图元的前提下，将水平桥架拖到配电箱位置，软件会自动生成垂直桥架，如图 4.45～图 4.47 所示。

 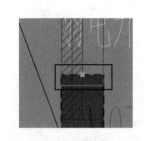 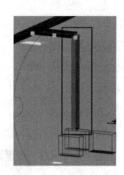

图 4.45　电井处截图　　　图 4.46　配电箱桥架平面布置图　　图 4.47　配电箱桥架三维布置图

如图 4.48 所示，强电井内有通长布置的垂直桥架 200×100。要布置此处垂直桥架，在构件列表内选择需要布置的桥架类型，如图 4.49 所示。

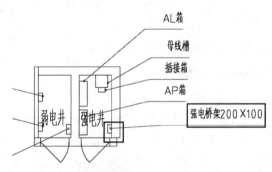

图 4.48　电井大样图

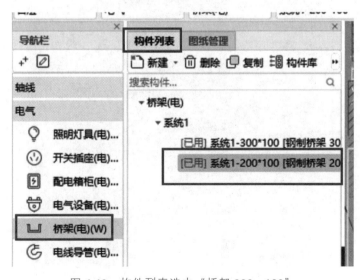

图 4.49　构件列表选中"桥架 200×100"

在绘图区域单击"布置立管"命令，软件自动弹出"布置立管"对话框，如图4.50所示。根据图纸信息修改立管参数，底标高为第 -1 层顶标高 - 0.5，顶标高为第3层顶标高 - 0.5。根据图纸，立管需要旋转，勾选"旋转布置立管"，按照状态栏的文字提示，单击选中的插入点，旋转到指定方向。三维效果图如图4.51所示。

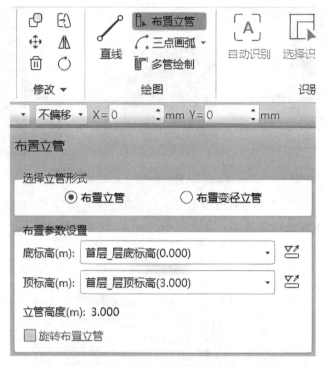

图 4.50 "布置立管"对话框

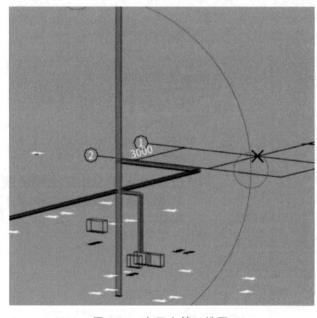

图 4.51 布置立管三维图

4. 识别管线

1）系统图识别

在"图纸管理"工作区，双击"综合楼-电气"，找到系统图位置。以 1AL1 为例，导航栏选择"配电箱柜（电）"，在工作面板"识别配电箱柜"中单击"系统图"命令，软件自动弹出"系统图"对话框，如图 4.52 所示。

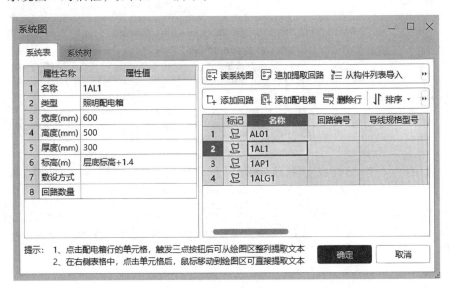

图 4.52 "系统图"对话框

表格中汇总了已经识别生成图元的配电箱，选中配电箱行，左侧出现相应配电箱的属性信息。单击"读系统图"命令，进入绘图界面，左键框选 1AL1 的回路信息，被选中的回路 CAD 线颜色变为深蓝色。

单击右键确认，弹出"系统图"对话框，1AL1 的相关信息被读取到表格内，如图 4.53 所示。

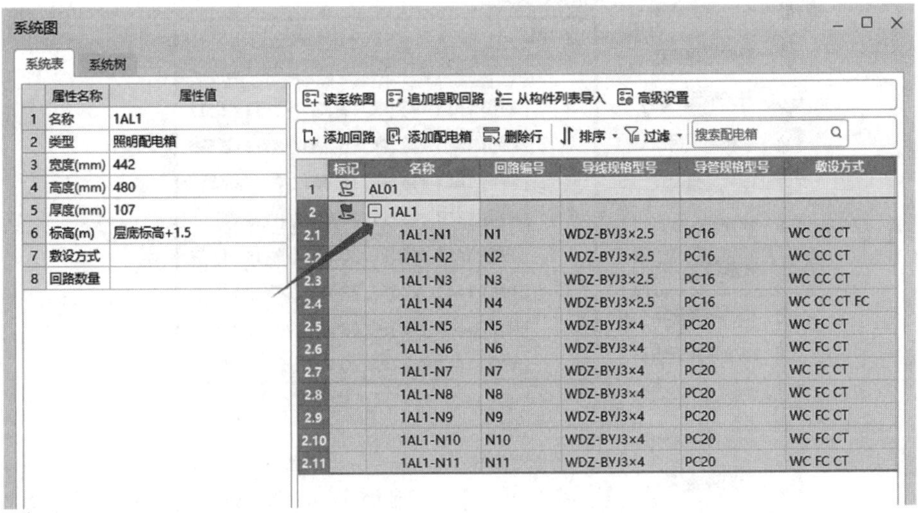

图 4.53 读取系统图

如果系统图没有完全读取，可单击上方"追加提取回路"命令，进入绘图界面，左键框选未读取的回路信息，单击右键确认，在之前读取的回路下方新出现了追加的回路信息。

按照相同方法读取配电箱 1AP1 信息，如图 4.54 所示，"名称"和"回路编号"两列都是空白，手动输入回路编号 P1，名称自动生成 1AP1-P1。

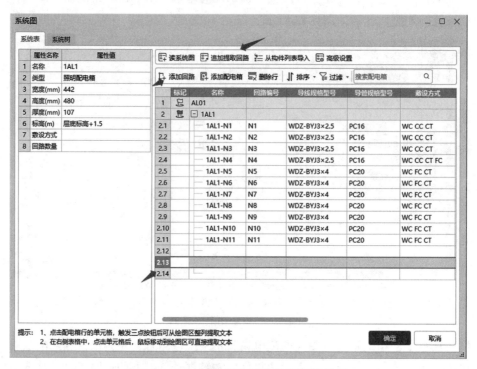

图 4.54　手动输入配电箱名称和回路编号

配电箱系统图读取完成，检查无误后，单击"确定"命令，在左侧电线导管和电缆导管对应的"构件列表"下方出现新建的图元回路信息，如图 4.55 和图 4.56 所示。

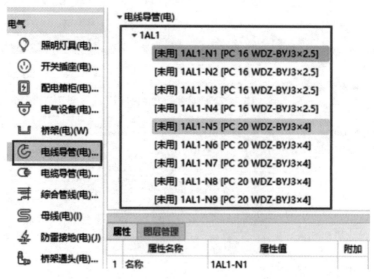

图 4.55　电线导管新建图元回路信息

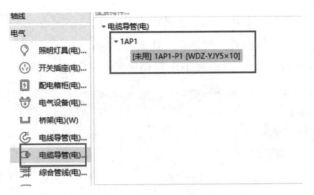

图 4.56　电缆导管新建图元回路信息

2）单回路识别

以 1AL1 配电箱中的 N1 为例，首先在"图纸管理"切换图纸为"一层照明平面图"，在构件列表中选择 N1 回路，单击"识别电线导管"工作面板中的"单回路"命令，如图 4.57 所示。

图 4.57　"单回路"命令

软件自动弹出回路识别提示框，根据状态栏文字提示，左键单击 N1 回路中一条 CAD 线，此线段所在回路的 CAD 线全部变为橙色粗线，并自动根据与桥架相连垂直桥架识别起点，再单击回路编号，显示深蓝色，右键确认，软件自动弹出"单回路-回路信息"对话框，如图 4.58 所示。

单回路-回路信息　×

配电设置

配电箱 `1AL1` ▼　回路编号 `1AL1:N1`　　设置配管规格

回路信息

导线根数	构件名称	管径(mm)	规格型号
无标识			
4			

□ 导线根数按是否连接开关分类　　　确定　　取消

图 4.58　"单回路-回路信息"对话框

回路信息只有导线根数，双击"构件名称"对应单元格，出现"  "按钮并点击，软件自动弹出"选择要识别成的构件"对话框，如图4.59所示，选择对应回路N1，并单击"确认"命令，"单回路-回路信息"对话框中出现相应的回路信息，如图4.60所示。

图 4.59 "选择要识别成的构件"对话框

图 4.60 确认要识别构件后的"单回路-回路信息"对话框

检查无误后，单击"确认"命令，软件自动识别生成回路。可通过"动态观察"功能，查看回路三维效果，并通过"检查回路"功能，查看回路路径，如图 4.61 所示。

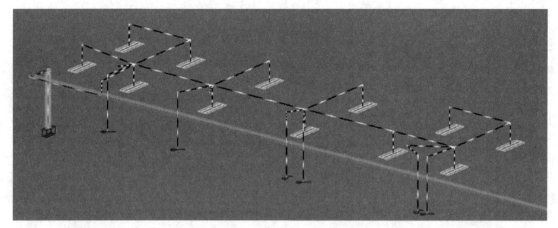

图 4.61　"检查回路"的三维效果

3）多回路识别

以 1AL1 配电箱中的 N2-N4 回路为例，单击"识别电线导管"工作面板中的"多回路"命令，如图 4.62 所示。

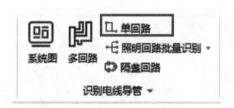

图 4.62　"单回路"命令

根据状态栏文字提示，左键单击 N2 回路中一条 CAD 线和回路名称，此线段所在回路的 CAD 线全部变为是深蓝色，再单击右键确认，相同方法依次选中 N3 回路和 N4 回路，后单击右键，出现"回路信息"对话框，如图 4.63 所示。

	配电箱信息	回路编号	构件名称	管径(mm)	规格型号	备注
1	AL1	1AL1:N3				
2	AL1	1AL1:N4				
3	AL1	1AL1:N2				

图 4.63　"回路信息"对话框

回路信息只有相应的回路编号，双击"构件名称"对应单元格，出现" [···] "按钮并点击，软件自动弹出"选择要识别成的构件"对话框，如图所示，选择对应回路，并单击"确认"命令，"单回路-回路信息"对话框中出现相应的回路信息，如图 4.64 所示。

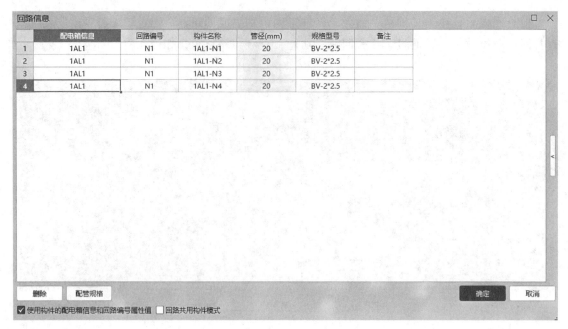

	配电箱信息	回路编号	构件名称	管径(mm)	规格型号	备注
1	1AL1	N1	1AL1-N1	20	BV-2*2.5	
2	1AL1	N1	1AL1-N2	20	BV-2*2.5	
3	1AL1	N1	1AL1-N3	20	BV-2*2.5	
4	1AL1	N1	1AL1-N4	20	BV-2*2.5	

删除　　配管规格　　　　　　　　　　　　　　　　　　　　确定　　取消

☑ 使用构件的配电箱信息和回路编号属性值 ☐ 回路共用构件模式

图 4.64　确认要识别构件后的"回路信息"对话框

检查无误后，单击"确定"命令，软件自动识别生成回路。可通过"动态观察"功能，查看回路三维效果，并通过"检查回路"功能，查看回路路径，如图 4.65 所示。

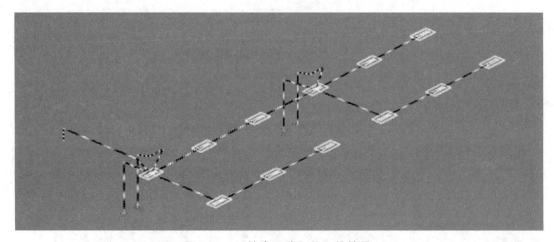

图 4.65　"检查回路"的三维效果

可以发现多回路识别的几个回路没有自动识别桥架内配线，需要通过桥架配线功能来处理。

5. 桥架配线

1) 桥架配线

单击"识别桥架内线缆"工作面板处的下拉按钮，出现下拉列表，单击"桥架配线"命令，如图 4.66 所示。

图 4.66 "桥架配线"命令

根据下方状态栏的文字提醒，单击选择 N2 回路与桥架连接配管和配电箱 1AL1，如图 4.67 所示。

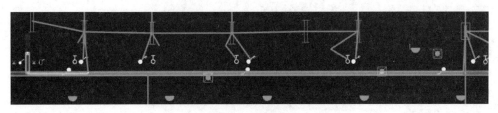

图 4.67 桥架配线

单击鼠标右键确认，软件自动弹出"选择配线"对话框，如图 4.68 所示。勾选相应回路后单击"确定"命令即可。

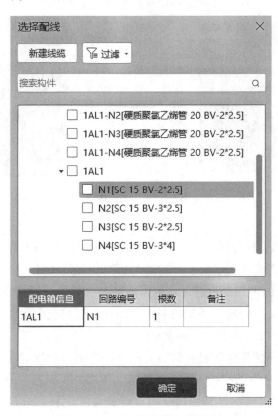

图 4.68 "选择配线"对话框

2）设置起点和选择起点

（1）设置起点。

单击"识别桥架线缆"工作面板中的"设置起点"命令。按照状态栏的文字提示，单击与1AL1配电箱相连的垂直桥架，软件自动弹出"设置起点位置"对话框，如图4.69所示。

图 4.69 "设置起点位置"对话框

选择起点位置为立管底标高，单击"确定"命令，完成操作。软件会在设置好的起点位置标出一个黄色的"×"，表示该位置为设置好的起点，如图4.70和图4.71所示。

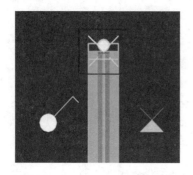

图 4.70 设置好的起点"×"平面布置

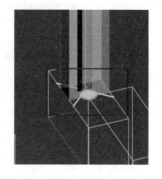

图 4.71 设置好的起点"×"三维布置

（2）选择起点。

选择起点进行桥架配线有两种方法，第一种：单击"识别桥架线缆"工作面板中的"选择起点"功能，按照状态栏的文字提示，单击与桥架相连的1AL1：N3回路，此时绘图区域CAD底图灰显，被选中的回路变为蓝色，可以选择的桥架起点为紫色圆圈。

单击表示配电箱1AL1处垂直桥架的起点圆圈，此时与配电箱1AL1相连的桥架变为绿色，与N3回路连接桥架变为黄色，表示被选中。

右键确认软件自动识别从选择起点到N3回路的桥架内配线，在动态观察的状态下，单击"检查/显示"工作面板中的"检查回路"功能，查看N3回路三维效果。单击N3回路管线，此时桥架显示为蓝色，而N3回路的管线以红黄双色显示，并不停闪烁。

采用相同的操作方法，选择其他回路起点，识别其桥架内配线。

3）跨楼层桥架配线

（1）跨层显示图元。

切换软件到菜单栏的"工具"选项卡下，单击选项工作面板中的"选项"命令，软件自动弹出"选项"对话框，如图 4.72 所示。

图 4.72　打开"选项"对话框

在"选项"对话框中单击"其他"选项卡，对话框内容自动切换，勾选"显示跨图层图元"复选框，激活此功能，如图 4.73 所示。

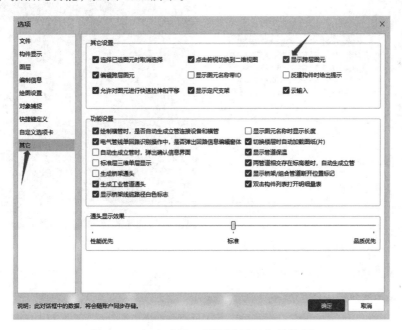

图 4.73　勾选"显示跨图层图元"复选框

单击"确定"命令，"选项"对话框消失，此时绘制在一层的通长垂直桥架在其他楼层也会显示出来。

（2）跨层选择起点。

以 1ALG1-W2 回路为例，先按照桥架绘制方法，连接配电箱 1ALG1 到桥架，如图 4.74 所示。

再按照设置起点的操作，选择与 1ALG1 配电箱相连的垂直桥架为起点，如图 4.75 所示。

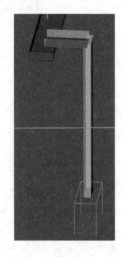

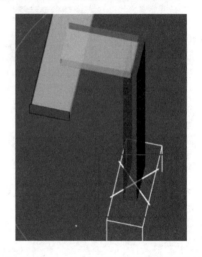

图 4.74　1ALG1 配电箱处垂直桥架三维图　　　　图 4.75　选择 1ALG1 配电箱处垂直桥架为起点三维图

切换楼层为第 2 层，首先识别 1ALG1-W2 回路，如图 4.76 所示。

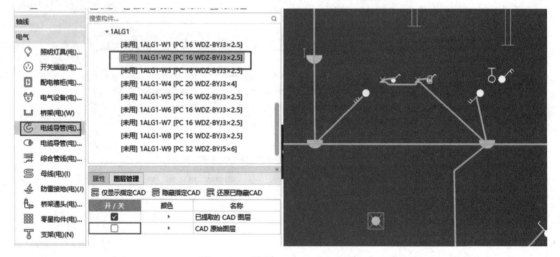

图 4.76　识别 1ALG1-W2 回路

再单击"选择起点"命令，左键框选与桥架相连的短管，软件弹出切换起点楼层提示框，如图 4.77 所示。

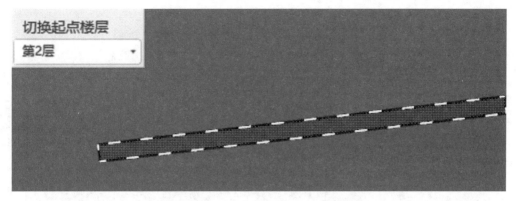

图 4.77 "切换起点楼层"提示框

将起点楼层切换到首层。单击选择代表 1ALG1 的紫色圆圈，配线桥架变为绿色。单击鼠标右键确认，软件自动跨楼层识别 N3 回路的桥架配线。在动态观察状态下，单击"检查/显示"工作面板中的"检查回路"功能，查看 N3 回路三维效果，如图 4.78 所示。

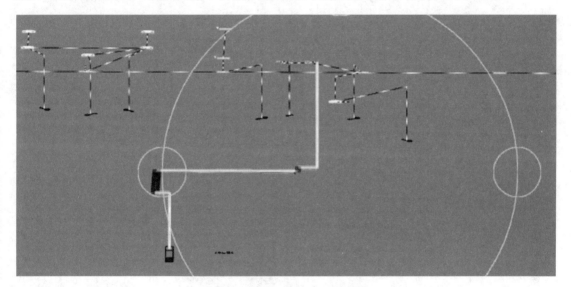

图 4.78 N3 回路检查三维效果

采用相同的方法识别其他需要跨楼层选择起点的回路。

6. 识别防雷接地

1）识别防雷工程

（1）识别避雷网。

在"图纸管理"工作区，双击"防雷平面图"，切换到屋顶层。在导航栏选择"防雷接地（电）"，在工作面板"识别防雷接地"中单击"回路识别"命令。按照下方状态栏的文字提示，单击鼠标左键选择代表避雷网中的一根 CAD 线，软件自动选中同图层线并变为深蓝色，检查后单击鼠标右键，软件自动弹出"选择构件"对话框，如图 4.79 所示。

图 4.79 "选择构件"对话框

单击"新建",选择"新建避雷网",新建避雷网构件。对照图纸信息,修改右边属性内容,如图 4.80 所示。修改完成后,单击"确定"命令即可。

图 4.80 "新建避雷网"命令

（2）识别避雷引下线。

在工作面板"识别防雷接地"中单击"引下线识别"命令，如图4.81所示。

图4.81　"引下线识别"命令

按照下方状态栏的文字提示，单击鼠标左键选择代表避雷引下线的 CAD 图例，单击鼠标右键，软件自动弹出"选择构件"对话框，单击"新建"，选择"新建避雷引下线"，新建引下线构件。对照图纸信息，修改右边属性内容，如图4.82所示。

图4.82　"新建避雷引下线"命令

修改完成后，单击"确认"命令，软件自动弹出"立管标高设置"对话框，起点标高修改为基础底标高-3，顶标高修改为层底标高，如图4.83所示。

修改完毕后，单击"确定"命令，软件弹出"提示"对话框，单击"确定"命令即可，如图4.84所示。

图 4.83 "立管标高设置"对话框

图 4.84 "提示"对话框

（3）识别避雷针。

本课程案例图纸无避雷针，若图上有避雷针，操作方法与前述识别照明灯具类似。在工作面板"识别防雷接地"中单击"设备提量"命令，如图 4.85 所示。

图 4.85 "设备提量"命令

按照下方状态栏的文字提示，单击鼠标左键选择代表避雷针的 CAD 图例，单击鼠标右键，软件自动弹出"选择构件"对话框，单击"新建"，选择"新建避雷针"，新建引下线构件，如图 4.86 所示。对照图纸信息，修改右边属性内容，完成后单击"确认命令"即可。

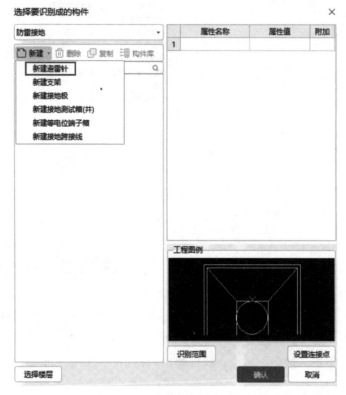

图 4.86 "新建避雷针"命令

2）识别接地工程

（1）识别等电位端子箱。

在"图纸管理"工作区，双击"接地平面图"，切换到-1 层。在导航栏选择"防雷接地
（电）"，在工作面板"识别防雷接地"中单击"设备提量"命令，如图 4.87 所示。

图 4.87 "设备提量"命令

按照下方状态栏的文字提示，单击鼠标左键选择代表等电位端子箱的 CAD 图例，单击
鼠标右键，软件自动弹出"选择构件"对话框，单击"新建"，选择"新建等电位端子箱"，
新建等电位端子箱构件，如图 4.88 所示。对照图纸信息，修改右边属性内容，完成后单击"确
认命令"即可。

图 4.88 "等电位端子箱"命令

（2）识别基础接地线。

在工作面板"识别防雷接地"中单击"回路识别"命令，如图 4.89 所示。

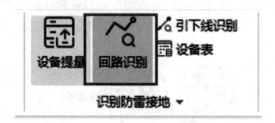

图 4.89 "回路识别"命令

按照下方状态栏的文字提示，单击鼠标左键选择代表基础接地线中的一根 CAD 线，软件自动选中同图层线并变为深蓝色，检查后单击鼠标右键，软件自动弹出"选择构件"对话框。单击"新建"，选择"接地母线"，新建基础接地网构件。对照图纸信息，修改右边属性内容，如图 4.90 所示。修改完成后，单击"确定"命令即可。

图 4.90 "新建接地母线"命令

【视频演练】

模块 4 视频演练

3.2 工程量汇总

1. 汇总工程量

所有设备、管线绘制完成后，切换到软件上方菜单栏"工程量"选项卡，单击"汇总"工作面板中"汇总计算"命令，如图 4.91 所示。

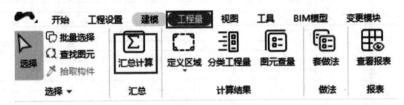

图 4.91 "汇总计算"命令

软件自动弹出"汇总计算"对话框，如图 4.92 所示。楼层列表默认勾选为当前楼层，单击"全选"命令，选中所有楼层，或者自行勾选需要汇总计算的楼层，再单击"计算"命令。软件自动计算绘图区域已经识别的图元构件，并进行分类汇总。

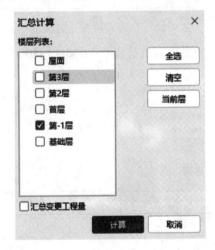

图 4.92 "汇总计算"对话框

2. 查看报表

汇总计算完成后，在"工程量"选项卡下，单击"报表"工作面板中"查看报表"命令，如图 4.93 所示。

图 4.93 "查看报表"命令

软件自动弹出"查看报表"对话框，由于没有选定具体报表，报表数据区域为空白，如图 4.94 所示。

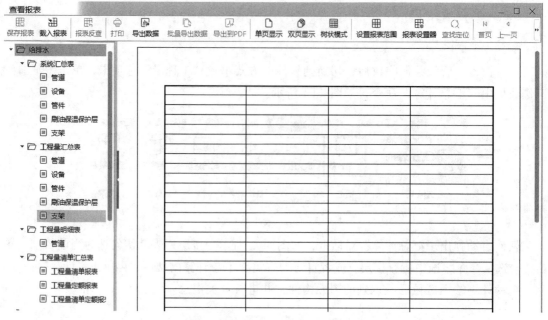

图 4.94 "查看报表"对话框

根据需要，选择查看相应的报表，具体操作和模块 1 的操作一致。

3.3 基础知识链接

1. 电气系统组成

1）变配电系统框架

变配电系统框架如图 4.95 所示。

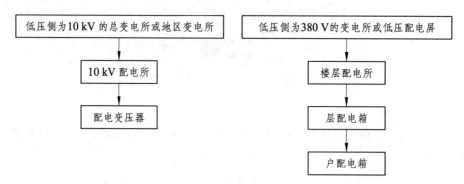

图 4.95 变配电系统框架

（1）负荷等级。

电力负荷应根据对供电可靠性的要求及中断供电在政治、经济上所造成损失或影响的程度进行分级并应符合下列规定：

① 符合下列情况之一时应为一级负荷：

A. 中断供电将造成人身伤亡时。

B. 中断供电将在政治、经济上造成重大损失时。

C. 中断供电将影响有重大政治、经济意义的用电单位的正常工作。

在一级负荷中，当中断供电将发生中毒、爆炸和火灾等情况的负荷，以及特别重要场所的不允许中断供电的负荷，应视为特别重要的负荷。

② 符合下列情况之一时，应为二级负荷：

A. 中断供电将在政治、经济上造成较大损失时。

B. 中断供电将影响重要用电单位的正常工作。

③ 不属于一级和二级负荷者应为三级负荷。

（2）一级负荷的供电电源应符合下列规定：

① 一级负荷应由两个电源供电；当一个电源发生故障时，另一个电源不应同时受到损坏。

② 一级负荷中特别重要的负荷，除由两个电源供电外，尚应增设应急电源，并严禁将其他负荷接入应急供电系统。

2）配电系统

供电系统就是由电源系统和输配电系统组成的产生电能并供应和输送给用电设备的系统。电力供电系统大致可分为 TN、IT、TT 三种，其中 TN 系统又分为 TN-C、TN-S、TN-C-S 三种表现形式。

（1）TN-S 接地系统，整个系统的中性线和保护线是分开的；

（2）TN-C 接地系统，整个系统的中性线和保护线是合一的；

（3）TT 接地系统，TT 接地系统有一个直接接地点，电气装置外露可导电部分是接地的；

（4）TN-C-S 接地系统，整个系统有一部分的中性线和保护线是合一的；

（5）IT 接地系统，IT 接地系统的带电部分与大地间不直接连接，而电气装置的外露可导电部分是接地的。

按接线方式分类：

（1）供电系统按系统接线布置方式可分为放射式、干线式、环式及两端电源供电式等接线系统；

（2）按运行方式可分为开式和闭式接线系统；

（3）按对负荷供电可靠性的要求可分为无备用和有备用接线系统。在有备用接线系统中，其中一回线路发生故障时，其余线路能保证全部供电的成为完全备用系统。

3）照明系统

（1）普通照明系统化。

光源：有装修要求的场所视装修要求商定，一般场所为荧光灯、金属卤化物灯或其他节能型灯具。光源显色指数 R_a 大于等于 80，色温应在 $3\,300 \sim 3\,500\text{K}$。

照明节能：照明灯具和光源均采用节能型，所采用的节能自熄开关和灯光控制器控制的应急照明在发生火灾时能自动点亮。

（2）应急照明系统。

除住宅外，民用建筑、厂房和丙类仓库的下列部位应设置消防应急照明灯具：

① 封闭楼梯间、防烟楼梯间及其前室、消防电梯间前室或合用前室。

② 消防控制室、消防水泵房、自备发电机房、配电室、防烟与排烟机房以及在火灾时仍需要坚持工作的其他场所。

③ 建筑面积超 400 m² 的展览厅、营业厅、功能厅、餐厅以及建筑面积超 200 m² 的演播室。

④ 建筑面积超 300 m² 的地下建筑。

⑤ 公共建筑疏散走道。

公共建筑、高层厂房（仓库）及甲、乙、丙类厂房应沿疏散走道、安全出口、人员密集场所的疏散门设置灯光疏散指示标志。

4）防雷接地系统

（1）防雷系统。

为使雷电浪涌电流泄入大地，使被保护物免遭直击雷或感应雷等浪涌过电压、过电流的危害，所有建筑物、电气设备、线路、网络等不带电金属部分，金属护套，避雷器，以及一切水、气管道等均应与防雷接地装置作金属性连接。

防雷接地装置包括避雷针、带、线、网，接地引下线、接地引入线、接地集线、接地体等。为防止反击，以往的防雷规范对防雷接地与其他接地之间提一整套限制措施，即规定两类接地体和接地线之间的最短距离。在有些情况下间距无法达到规定值时，则要采用严密的绝缘措施，包括：

① 避雷针：接收雷电的装置，由钢管或圆钢制成。

② 避雷引下线：从避雷针或屋顶避雷网向下，沿建筑物、构筑物和金属构件引下的导线，一般采用扁钢或圆钢作为引下线。但目前设计大多是利用柱内几根主筋做引下线与基础钢筋网焊接形成一个大的接地网。

③ 避雷网：置于建筑物顶部，一般采用圆钢做避雷网。

④ 接地极：由钢管、角钢、圆钢、铜板或钢板制作而成，一般长度为 2.5 m，每组 3~6 根不等，直接打入地下与室外接地母线连接。

⑤ 接地母线：采用扁钢或圆钢作接地材料。分户内与户外，户内接地母线一般沿墙用卡子固定敷设，户外接地母线一般埋设在地下。

⑥ 接地跨接线：接地母线遇有障碍物（如建筑物伸缩缝、沉降缝）需跨越时的连接线，或是利用金属构件做接地线时需要焊接的连接线。

⑦ 等电位装置：设置于室内、卫生间的防雷接地装置，由接地线、接线盒、接线箱组成，与建筑物内主钢筋连接，形成接地网。

⑧ 均压环：规范要求每隔 3 层设均压环，利用圈梁钢筋或另设一根扁钢或圆钢于圈梁内做均压环，主要防止侧击雷对建筑造成破坏。

（2）接地系统。

接地是避雷技术最重要的环节，不管是直击雷、感应雷或其他形式的雷电，最终都是把雷电流送入大地。因此，没有合理而良好的接地装置是不能可靠避雷的。接地电阻越小，散流就越快，被雷击物体的高电位保持时间就越短，危险性就越小。采取共用接地的方法将避雷接地、电器安全接地、交流地、直流地统一为一个接地装置。如有特殊要求设置独立接地，则应在两地网间用地极保护器连接，这样，两地网之间平时是独立的，防止干扰，当雷电流来到时两地网间通过地极保护器瞬间连通，形成等电位连接。

保护接地就是将正常情况下不带电，而在绝缘材料损坏后或其他情况下可能带电的电器金属部分（即与带电部分相绝缘的金属结构部分）用导线与接地体可靠连接起来的一种保护接线方式。接地保护一般用于配电变压器中性点不直接接地（三相三线制）的供电系统中，用以保证当电气设备因绝缘损坏而漏电时产生的对地电压不超过安全范围。如果家用电器未采用接地保护，当某一部分的绝缘损坏或某一相线碰及外壳时，家用电器的外壳将带电，人体万一触及该绝缘损坏的电器设备外壳（构架）时，就会有触电的危险。相反，若将电器设备做了接地保护，单相接地短路电流就会沿接地装置和人体这两条并联支路分别流过。一般地说，人体的电阻大于 $1\,000\,\Omega$，接地体的电阻按规定不能大于 $4\,\Omega$，所以流经人体的电流就很小，而流经接地装置的电流很大。这样就减小了电器设备漏电后人体触电的危险。

（3）建筑物的防雷分类。

建筑物应根据其重要性、使用性质、发生雷电事故的可能性和后果，按防雷要求分为三类：

第一类防雷建筑物包括：

① 凡制造、使用或贮存炸药、火药、起爆药、工品等大量爆炸物质的建筑物，因电火花而引起爆炸，会造成巨大破坏和人身伤亡者。

② 具有 0 区或 10 区爆炸危险环境的建筑物。

③ 具有 1 区爆炸危险环境的建筑物，因电火花而引起爆炸，会造成巨大破坏和人身伤亡者。

二、三类及非防雷建筑物预计雷击次数见表 4.1。

表 4.1　二、三类及非防雷建筑物分类（单位：次/a）

防雷分类	部、省级办公楼建筑及重要人员密集的公共建筑物	住宅、办公楼等民用建筑物	一般性工业建筑物
二类	$N>0.05$	$N>0.25$	$N>0.25$
三类	$0.01\leqslant N\leqslant 0.05$	$0.05\leqslant N\leqslant 0.25$	$N\geqslant 0.05$
非防雷建筑物	$N<0.01$	$N<0.05$	$N<0.05$

2. 电气系统常用设备

1）照明器具

（1）照明器具的组成和特性。

照明器是根据人们对照明质量的要求，重新分布光源发出的光通，防止人眼受强光作用的一种设备。它包括光源，控制光线方向的光学器件（反射器、折射器），固定和防护灯泡及连接电源所需的组件，供装饰、调整和安装的部件等，是光源和灯具的总称。

灯具是透光、分配和改变光源光分布的器具，包括除光源外所有用于固定和保护光源的零、部件以及与电源连接所必需的线路附件。

（2）照明器具安装要求。

① 灯具的规格、型号及使用场所要符合要求和施工规范。

② 灯具安装牢固端正，位置正确，灯具安装在木台的中心。

③ 导线进入灯具处的绝缘保护良好，留有适当余量。连接牢固紧密，不伤线芯。

2）开关、插座

（1）开关的分类。

① 按安装方式可将开关分为明装开关和暗装开关。暗装开关需要将开关的接线盒埋入墙体内部，开关面板固定在底盒上；明装开关使用水泥钉或者自攻螺丝直接固定在墙面上。

② 按启动方式可将开关分为拉线开关、旋转开关、倒扳开关、按钮开关、跷板开关触摸开关。

③ 按开关面板上翘板（按钮）数量可将开关分为单联、双联、三联。

④ 按控制方式可将开关分为单控和双控。

（2）插座的分类。

① 按安装方式可将插座分为明装插座和暗装插座。

② 按面板上孔数可将插座分为两孔插座、三孔插座、五孔插座。

③ 按控制火线数可将插座分为单相插座、三相插座。

（3）开关、插座安装要求。

开关、插座、温控器安装时先将盒内杂物清理干净，正确连接好导线即可安装就位，面板需紧贴墙面，平整、不歪斜，成排安装的同型号开关插座应整齐美观，高度差不应大于 1 mm，同一室内高度差不应大于 5 mm，开关边缘距门框的距离宜为 15~20 cm，开关距地坪 1.3 m；插座除卫生间距地坪 1.5 m 外，其余均距地坪 0.3 m。

通电对开关、插座、温控器、灯具进行试验，开关的通断设置应一致，且操作灵活，接触可靠；插座左零、右火，上保护应无错接、漏接；温控器的季节转换开关及三联开关应设置正确且一致；灯具开启工作正常。

3. 电气系统常用材料

1）配管

配管工程按照敷设方式分为沿砖或混凝土结构明配，沿砖或混凝土结构暗配，钢结构支架配管，钢索配管钢模板配管等。按照材质不同可分为电线管、钢管、硬塑料管、半硬塑料管及金属软管等。电气暗配管宜沿最近线路敷设，并应减少弯曲。埋于地下的管道不能对接焊接，宜穿套管焊接。明配管不允许焊接，只能采用丝接。

电气系统中常用的穿线管材料，按照材质分为镀锌钢管、焊接钢管、可挠金属管、硬聚氯乙烯管、刚性阻燃管、半硬质阻燃管、紧定式电线管、扣压式电线管和金属软管等。

2）桥架

桥架由托盘、梯架的直线段、弯通、附件以及支吊架组合构成，是用以支撑电缆的具有连接的刚性结构系统的总称，广泛应用在发电厂、变电站、工矿企业、各类高层建筑、大型建筑及各种电缆密集场所或电气竖井。桥架集中敷设电缆，使电缆安全可靠运行，减少外力对电缆的损害且维修方便。

桥架按制造材料分为钢制桥架、铝合金桥架、玻璃钢阻燃桥架。

电缆桥架根据结构形式通常可分为梯级式桥架、托盘式桥架、槽式桥架、组合式桥架。

3）电线

室内电气配线指敷设在建筑物、构筑物内的明线、暗线、电缆和电气器具的连接线。配线工程按照敷设方式分类：常用的有瓷夹配线、塑料夹配线、瓷珠配线、瓷瓶配线、针式绝缘子配线、蝶式绝缘子配线、木槽板配线、塑料槽板配线、钢精扎头配线等。

4）电缆

电缆是一种特殊的导线，它是将一根或数根绝缘导线组合成线芯，外面再加上密闭的包扎层加以保护。电缆线路的基本结构一般由导电线芯、绝缘层和保护层三个部分组成。电力电缆包括输电电缆与配电电缆。

（1）输电电力电缆。

工程实践中可以理解为 10 kV 电缆从开闭所到变配电室的高压进线柜和变压器之间的全部 10 kV 电缆。其敷设方式可分为直埋式、电缆沟（隧）道内、排管内、街码金具上。输电电力电缆起点为电源点或变（配）电站，终点为用户端配电站。

（2）配电电力电缆。

工程实践中可以将配电电力电缆理解为变配电室的低压柜出线到末端的 1 kV 电压等级以下的电力电缆。配电电力电缆起点为用户端配电站，终点为用电设备。其敷设方式可分为室内、竖井通道内。

我国电缆产品的型号均采用汉语拼音和阿拉伯数字组成，按照电缆结构的排列顺序为：绝缘材料、导体材料、内护层、外护层。

用汉语拼音的大写字母表示绝缘种类、导体材料、内护层材料和结构特点；用阿拉伯数字表示外护层构成，有两位数字，无数字表示无铠装层、无外被层，第一位数字表示铠装类型，第二位数字表示外被层类型。例如：VV42- 10-3 × 50 表示铜芯、聚氯乙烯绝缘、聚氯乙烯内护套、粗钢线铠装、聚氯乙烯外护套，额定电压 10 kV，3 芯，标称截面积 50 mm^2 的电力电缆。

4　成果评价

学生根据实训过程，按表 4.2 对本实训项目进行整体评价。

表 4.2　实训成果评价表

评价项目	内容
自我评估、反思，以及能力提升情况	对实训过程中自我能力提升情况的评估
	对实训过程中优点和不足的反思分析
	个人技能、知识和能力的成长和提升情况
自我评价：	
针对计量结果和清单进行评价和反馈	对实训项目计量结果的准确性进行评价
	对计量清单的完整性和规范性进行评价
	给出改进建议和反馈以提高计量效果
自我评价：	
探讨实训中遇到的问题和解决方法	列出实训过程中遇到的问题和困难
	提供解决问题的方法和策略
	讨论在解决问题过程中的学习和成长
自我评价：	
总结实训经验，提出改进和建议	总结实训过程中的收获和经验
	提出改进实训方案的建议和想法
	对实训教学方法、资源和环境的建议
自我评价：	
其他评价	实训成果展示的质量和呈现方式评价
	团队合作和沟通能力的发展情况
	专业素养和职业道德的表现与提升
自我评价：	

模块5
弱电工程计量

1.1 实训目标

（1）了解弱电工程的组成，能够熟练识读弱电工程施工图，为工程计量奠定好基础。

（2）熟悉弱电工程消耗量定额的内容及使用定额的注意事项。

（3）掌握弱电工程量计算规则，能熟练计算电气工程的工程量。

（4）掌握弱电箱柜、设备、桥架和回路的识别方法。

1.2 实训任务和要求

本次实训任务的主要内容是根据提供的综合楼弱电专业图纸，利用 GQI 软件进行算量计算。学生需要按照指定的步骤和要求，完成以下任务：

（1）熟悉弱电专业图纸，理解其中的符号和标识，确保准确理解图纸内容。

（2）在 GQI 软件中导入弱电专业图纸，并设置系统参数，如工程信息、楼层设置、计算设置等。

（3）在 GQI 软件中利用弱电系统图、平面图建立集设备、弱电器具、管线桥架等于一体的三维 BIM 计量模型。

（4）利用 GQI 软件提供的汇总计算功能，计算弱电机柜、弱电器具、弱电桥架、配管、配线的工程量。

（5）生成综合楼弱电专业工程的设备清单和材料清单，以及相关的报表和文档。

1.3 实训图纸和设计要求

本工程项目名称为综合楼，弱电施工图共 12 张，主要包括：电气设计总说明、配电系统图、消防系统图、地下层—屋顶弱电消防平面图、消防平面图等。

CAD 图纸请扫二维码获取。

模块 5 实训图纸

1.4 实训过程中的注意事项和安全规范

1. 注意事项

（1）仔细阅读和理解实训任务的要求和图纸，确保准确理解计量的目标和要求。

（2）在实施计量之前，熟悉 GQI 软件的功能和操作方法，确保能正确使用软件进行计量。

（3）细心观察图纸，注意标识符号和尺寸要求，确保计量结果准确。

（4）严格遵循计量步骤和方法，确保计量过程的准确性和可靠性。

（5）做好记录和数据整理工作，确保实训成果的完整性和可追溯性。

（6）在实训过程中，保持良好的沟通和合作，与同学和教师密切配合，共同完成实训任务。

2. 安全规范

（1）在使用 GQI 软件进行计量时，遵守软件的安全操作规范，确保操作正确且不损坏软件或系统。

（2）如果需要使用工具、设备进行实验或操作，要正确使用，并严格遵守相关的安全操作规程。

（3）如果有任何意外事故或紧急情况发生，立即向教师或指导员报告，并按照相关应急措施进行处理。

2 任务分析

2.1 弱电专业工程的计量要求和重要性分析

1. 计量要求

设备数量和规格：准确计算弱电专业工程中所需的设备数量和规格，包括弱电机柜、消防主机等，以满足设计要求。

材料用量和规格：计量弱电专业工程所需的材料用量和规格，如配管、配线、桥架、器具等，确保材料的准确采购和合理使用。

2. 计量重要性

设备和材料准确采购：通过计量分析，能够确定弱电专业工程所需的设备数量和材料用量，确保物资的合理利用和成本控制。

设计方案优化：通过计量分析，可以评估不同设计方案的效果和性能，选择最优方案，提高弱电系统的效率与稳定性。

2.2 弱电专业工程图纸和相关标识符号分析

1. 弱电专业工程图纸分析

本实训选择综合楼建筑项目，依托工程是一栋单体办公建筑，建筑高度为 10.350 m，地下1层，地上3层，结构形式为框架结构。

弱电工程专业，包括智能弱电和消防弱电，共有施工图12张，主要包括：电气设计总说明、配电系统图、消防系统图、地下层—屋顶弱电消防平面图、消防平面图等。

2. 阅读设计说明和施工说明

设计说明通常放在图纸目录后，一般应当包括工程概况、设计依据、设计范围等。

在本教材提供的弱电专业施工图，设计说明包含在电气设计总说明内。

3. 弱电系统图

弱电系统图包括综合布线系统（网络、电视、电话）、监控系统、消防设备电源监控系统和火灾自动报警系统等。系统图反映了系统的基本组成、主要电气设备、元件之间的连接情况以及它们的规格、型号、参数等。本工程弱电系统图主要有弱电网络系统、有线电视系统、监控系统、消防设备电源监控系统和火灾自动报警系统。

1）弱电网络系统

图5.1为本工程弱电网络系统设计图。室外引来12芯单模光纤到位于一层的通信机柜。通信机柜经两芯单模光纤分别引至各层多媒体接线箱。

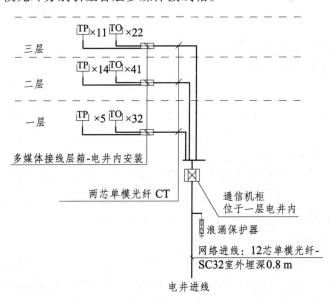

弱电网络系统图

图5.1 弱电网络系统

2）监控系统

图5.2为本工程监控系统设计图。监控系统由摄像、传输、控制、显示、存储5大部分组成。摄像机通过同轴视频电缆将视频图像传输到控制主机，控制主机再将视频信号分配到各监视器及录像设备，同时可将需要传输的语音信号同步录入到录像机内。通过控制主机，操作人员可发出指令，对云台上、下、左、右的动作进行控制及对镜头进行调焦和变倍操作，并可通过控制主机在多路摄像机及云台之间的切换。利用特殊的录像处理模式，可对图像进

行录入、回放、处理等操作，使录像效果达到最佳。

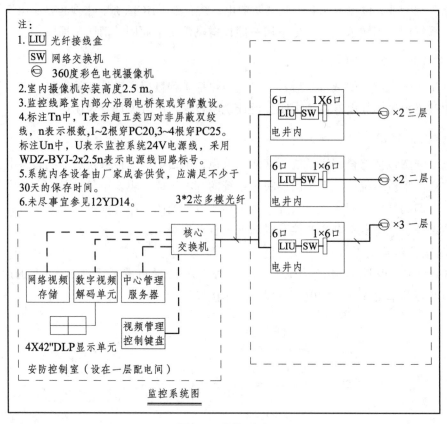

图 5.2 监控系统

3）消防设备电源监控系统

当各类为消防设备供电的交流或直流电源（包括主、备电）发生过压、欠压、缺相、过流、中断供电故障时，ZXHA-G 消防电源监控器进行声光报警、记录；显示被监测电源的电压、电流值及故障点位置；监控器通过 RS232 或 RS485 接口上传信息至消防设备电源监控系统，该系统通信采用 CAN 总线，通信距离 ≤ 8 000 m。

图 5.3 为本工程消防设备电源监控系统设计图。本工程 ZXHA-G 监控器独立安装在消防控制室，专用于消防设备电源监控系统，不与其他消防系统共用设备；可管理 512 台传感器，存储 100 000 条以上故障信息；能通过软件远程设置现场传感器的地址编码及报警参数，方便系统调试及后期维护使用。

ZXFJ 区域分机内置备用电源安装于竖井内，可管理 64 台传感器，最少延长供电距离 500 m、通信距离 2 000 m；实时上传自身及管理传感器的工作状态至监控器每条通信回路，可设置 2 台区域分机。ZXVA 和 ZXVI 传感器采用不破坏被监测电源回路的方式采集电压和电流信号，不能采集其他设备的输出信号；同时采集开关状态，开关需增加辅助触点，此触点不与其他系统共用；传感器自带总线隔离器，均由配电箱成套厂采用标准 35 mm 导轨安装于配电箱（柜）内。

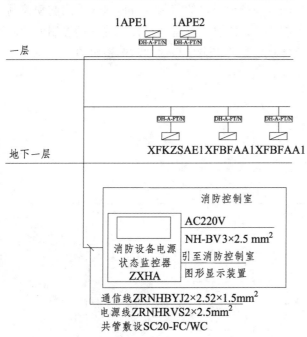

一层 1APE1 1APE2
DH-A-FT/N DH-A-FT/N

DH-A-FT/N DH-A-FT/N DH-A-FT/N

地下一层 XFKZSAE1 XFBFAA1 XFBFAA1

消防控制室

AC220V

NH-BV 3×2.5 mm²

引至消防控制室

消防设备电源
状态监控器
ZXHA

图形显示装置

通信线ZRNHBYJ2×2.52×1.5mm²
电源线ZRNHRVS2×2.5mm²
共管敷设SC20-FC/WC

电井沿消防弱电线槽敷设，其他地方穿管暗敷

消防设备电源监控系统图图例说明：

图 例	设备名称	型号	安装方式	安装尺寸
DH-A-FT/N	信号传感器	DH-A-63M/SA	导轨	110 mm×85 mm×45 mm
消防设备电源状态监控器	消防设备电源状态监控器	设备配套	消控室内落地安装	设备配套
消防设备电源监控线S4：总线：ZRNH-RVS2×1.5 mm²(通信线) +ZRNH-BYJ×2.5 mm²(电源线)SC20同管敷设				

图 5.3　消防设备电源监控系统

4）火灾自动报警系统

火灾自动报警系统由触发装置、火灾报警装置、火灾警报装置电源及有其他辅助控制功能的联动装置组成。

图 5.4 为本工程火灾自动报警系统设计图。本工程设置集中报警系统一套，采用总线报警方式。消防控制室设于地下室，消防控制室门上方设标志灯，消防控制室内严禁穿过与消防设施无关的电气线路及管路。消防控制室的设备包括火灾报警控制器、消防联动控制器、消防控制室图形显示装置、消防专用电话总机、消防应急广播控制装置、消防应急照明和疏散指示系统控制装置、消防电源监控器等。消防联动控制器控制方式分为自动控制及手动控制两种，消防联动控制器能够按设定的控制逻辑向各相关的受控设备发出联动控制信号，并接收相关设备的联动反馈信号；各受控设备接口的特性参数应与消防联动控制器发出的联动

控制信号相匹配；消防水泵、防烟风机和排烟风机的控制设备，除应采用联动控制方式外，还应在消防控制室设置手动直接控制装置；需要火灾自动报警系统联动控制的消防设备，其联动触发信号应采用两个独立的报警触发装置报警信号的"与"逻辑组合。

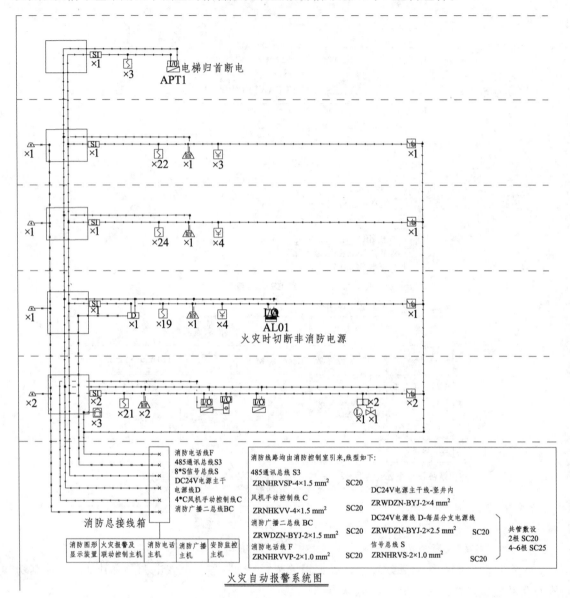

图 5.4 火灾自动报警系统

2.3 GQI 软件在弱电专业工程计量中的应用优势

（1）自动化计量。GQI 软件通过图纸导入和参数设定，能够自动进行弱电系统的计量计算。它能够快速准确地分析图纸中的各个组件和要素，并根据设定的参数进行计算，省去了手工计算的烦琐过程，提高计量效率。

（2）综合计算功能。GQI 软件提供弱电器具、弱电设备、弱电机柜、管线、桥架等元素的计量功能。它能够根据图纸中的布置和要求，综合计算各个组件的数量、规格和用量。这使得弱电系统的算量计算更加全面和准确。

（3）设备清单生成。GQI 软件能够根据计量结果自动生成弱电系统的设备清单。清单中包括设备的型号、规格和数量，方便工程人员采购材料和安装设备。

（4）材料清单生成。除了设备清单，GQI 软件还能生成弱电系统的材料清单。清单中列出了所需的弱电器具、桥架和管线等材料的规格和用量，帮助工程人员进行材料预估和采购。

（5）可视化展示。GQI 软件通过图表、图像等方式可视化展示计量结果和清单内容。这样的展示形式使得信息更加清晰明了，方便用户理解和使用。

3　任务实施

3.1　模型创建

1. 弱电工程算量前期准备

与电气工程相同，弱电工程正式算量前也需要进行"新建工程""工程设置""导入图纸""设置比例""分割定位图纸"的准备工作。

1）新建工程

双击打开广联达 BIM 安装计量 GQI2021，点击"新建"，选择"新建工程"，在弹出的"新建工程"窗口，将工程名称命名为"综合楼-弱电工程"，在工程专业里面选择"智控弱电"，计算规则选择"工程量清单项目设置规则 2013"，按照具体情况选择清单库和定额库，如图 5.5 所示，完成后点击"创建工程"命令，进入建模界面。

图 5.5　新建工程

2）工程设置

进入软件界面后，首先需要完成工程设置面板中的工程信息、楼层设置、计算设置的基本设置。

（1）工程信息。

单击工程设置面板中的"工程信息"命令，在弹出的"工程信息"对话框中，完善相关信息。如图 5.6 所示。其中"工程名称""计算规则""清单库""定额库"的内容应与图5.5 中信息一致。"工程类别""结构类型"等可以根据图纸直接输入，但这些信息输入与否不影响工程量计算结果。

工程信息

	属性名称	属性值
1	□ 工程信息	
2	工程名称	综合楼-电气工程
3	计算规则	工程量清单项目设置规则(2013)
4	清单库	工程量清单项目计量规范(2013-四川)
5	定额库	四川省通用安装工程量清单计价定额(2020)
6	项目代号	
7	工程类别	住宅
8	结构类型	框架结构
9	建筑特征	矩形
10	地下层数(层)	1
11	地上层数(层)	3
12	檐高(m)	10.35
13	建筑面积(m2)	
14	□ 编制信息	
15	建设单位	
16	设计单位	
17	施工单位	
18	编制单位	
19	编制日期	2023-06-22
20	编制人	
21	编制人证号	
22	审核人	
23	审核人证号	

图 5.6　工程信息

（2）楼层设置。

弱电工程楼层设置方法与其他专业一致，本案例工程参照模块 1 的楼层设置方法进行电气工程楼层设置，各楼层设置完毕后，如图 5.7 所示。

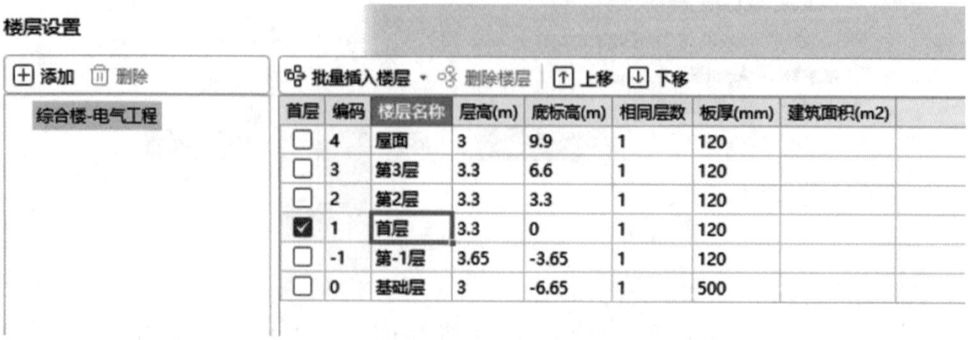

楼层设置

首层	编码	楼层名称	层高(m)	底标高(m)	相同层数	板厚(mm)	建筑面积(m2)
☐	4	屋面	3	9.9	1	120	
☐	3	第3层	3.3	6.6	1	120	
☐	2	第2层	3.3	3.3	1	120	
☑	1	首层	3.3	0	1	120	
☐	-1	第-1层	3.65	-3.65	1	120	
☐	0	基础层	3	-6.65	1	500	

图 5.7　楼层设置

（3）计算设置。

单击工程设置面板中的"计算设置"命令，弹出"计算设置"对话框，软件内置信息是按照国家相应规范进行设置，一般情况不做修改，如图5.8所示。

图 5.8　计算设置

3）导入图纸并处理

（1）添加图纸。

在"图纸预处理"工作面板中，单击"添加图纸"命令，在弹出的"添加图纸"对话框中，找到图纸存放位置，如图5.9所示。

图 5.9　导入图纸

本工程弱电工程图纸包含在"综合楼-电气"中，选中"综合楼-电气"，点击"打开"命令，将综合楼电气施工图导入软件中，如图 5.10 所示。

图 5.10　图纸导入

（2）设置比例。

在"图纸预处理"工作面板中，单击"设置比例"命令，根据状态栏的文字提示，先框选需要修改比例的 CAD 图元（此处以 1 轴和 2 轴尺寸标注为例），单击右键确认，选取该尺寸标注的起始点和终点，再单击鼠标右键，在弹出的"尺寸输入"对话框中可以看到量取长度为 6 000 mm，与标注一致，表明比例尺正确，单击"确定"命令即可，如图 5.11 所示。若对话框显示量取的尺寸与标注不一致，输入正确标注尺寸，单击确定即可。

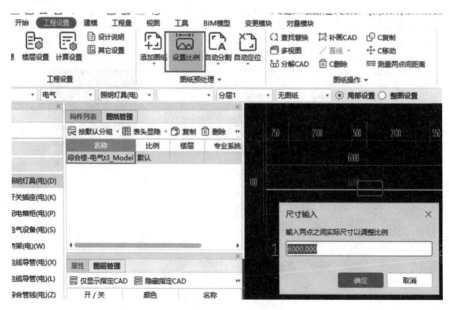

图 5.11　设置比例操作

（3）分割定位图纸。

随后进行图纸分割定位，其具体操作方法与模块一的图纸分割定位操作一致。其定位点同样选取轴线 1 和轴线 A 的交点，各楼层配置好分割定位完成的图纸后，如图 5.12 所示。

名称	比例	楼层	专业系统	分层
综合楼-电气t3_Model	默认			
地下一层弱电消防...	默认	第-1层		分层1
一层弱电平面图	默认	首层		分层1
一层消防平面图	默认	首层		分层1
二层弱电平面图	默认	第2层		分层1
二层消防平面图	默认	第2层		分层1
三层弱电平面图	默认	第3层		分层1
三层消防平面图	默认	第3层		分层1
屋顶层消防平面图	默认	屋面		分层1

图 5.12　分割定位后图纸管理对话框

2. 设备提量

将菜单栏的选项卡切换到"建模"，按照左侧导航栏构件列表顺序，依次识别弱电器具、弱电设备。

1）识别弱电器具

在"图纸管理"工作区，双击"一层弱电平面图"，将绘图区域的 CAD 底图切换成"一层弱电平面图"，如图 5.13 所示。

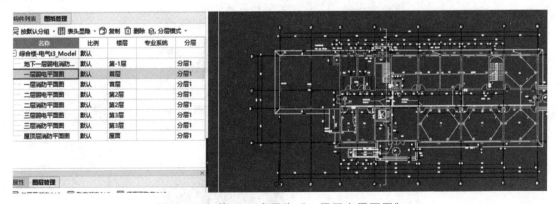

图 5.13　切换 CAD 底图为"一层弱电平面图"

在左侧导航栏单击选中"弱电器具（弱）"命令，单击识别弱电器具工作面板中"设备提量"命令，根据下方状态栏的文字提示，单击左键在 CAD 底图上选中弱电器具图例符号，点击右键确认，弹出"选择要识别成的构件"对话框，如图 5.14 所示。

图 5.14　识别弱电器具操作命令

　　按照图纸要求新建弱电器具并设置属性。以图中网络插座为例，在弹出的"选择要识别成的构件"对话框中，单击"新建"，选择"新建弱电器具（可连多立管）"命令，新建灯具构件，如图 5.15 所示。在属性列表中，根据图纸图例信息，将名称、类型改为双管荧光灯，规格型号改为 220 V，2 × 21 W，标高改为层底标高 + 2.5 m，如图 5.16 所示。

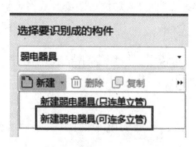

图 5.15　新建弱电器具命令

图 5.16　"选择要识别成的构件"对话框

属性修改完毕后，单击"确认"命令，软件自动进行弱电器具识别，识别后弹出"提示"对话框，如图 5.17 所示。

图 5.17　弱电器具识别完成后"提示"对话框

单击"确定"命令后，弱电器具识别完成，可通过"动态观察"功能，查看弱电器具三维效果，如图 5.18 所示。

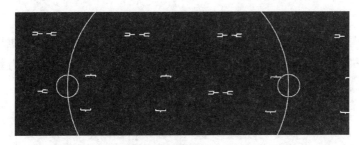

图 5.18　弱电器具识别完成三维效果

按照同样的方法，完成其余弱电器具的识别。

2）识别配电箱柜

在左侧导航栏单击选中"配电箱柜（弱）"命令，单击"识别配电箱柜"工作面板中"配电箱识别"命令，根据下方状态栏的文字提示，单击左键在 CAD 底图上选中配电箱图例符号，点击右键确认，弹出"提示"对话框，如图 5.19 所示。

图 5.19　识别配电箱柜操作命令

由于弱电机柜没有标识，无法识别，可采用点画的方式绘制。在构件列表工作面板，单击"新建"，选择"新建配电箱柜"命令，如图 5.20 所示。

图 5.20　"新建配电箱柜"命令

按照图纸中弱电机柜的信息，修改属性列表内容。在属性列表中，根据图纸图例信息，将名称改为通信机柜，类型改为多媒体接线箱，宽度、高度、厚度依次改为 600、400、400，标高改为层底标高 + 0.3 m，如图 5.21 所示。

图 5.21　修改后通讯机柜的"属性"

确认信息修改无误后，单击"绘图"工作面板"点"命令，如图 5.22 所示。

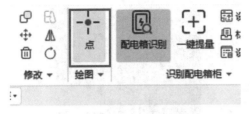

图 5.22 "点"命令

根据状态栏文字提示,单击弱电机柜指定的插入点,将图元绘制到指定位置,如图 5.23 所示。

图 5.23 点画通讯机柜

通信机柜绘制完成,可通过"动态观察"功能,查看机柜三维效果,如图 5.24 所示。

图 5.24 弱电箱柜三维效果

3. 识别桥架

1)桥架识别

左侧导航栏单击选中"桥架(弱)"命令,单击"识别桥架"工作面板中"桥架系统识别"命令,软件自动弹出"桥架识别"对话框,如图 5.25 所示。

图 5.25 "桥架识别"对话框

根据对话框内提示顺序和下方状态栏的文字提示，单击左键在 CAD 底图上选中桥架的 CAD 线，点击右键确认，提示框自动跳到第二项"选择桥架类型"，图上未明确，可不选择直接单击鼠标右键，提示框跳到第三项"选择规格标注"，单击左键选择 CAD 图上桥架规格类型"弱电桥架 100×100"右键确认。再点击提示框右下角的"自动识别"命令。软件自动在绘图区域识别生成桥架，并弹出"桥架系统识别"对话框，如图 5.26 所示。

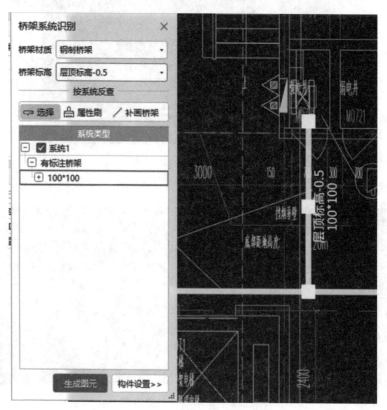

图 5.26 "桥架系统识别"对话框

在"桥架系统识别"对话框中可手动修改桥架材质和桥架标高。单击系统类型下方的桥架规格，绘图区域会自动跳到相应的桥架位置，检查无误后单击"生成图元"命令，桥架即可自动生成。并可通过"动态观察"功能，查看桥架三维效果，如图 5.27 所示。

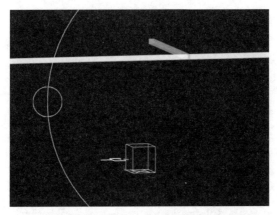

图 5.27　桥架三维效果图

2）布置垂直桥架

在配电箱已经生成图元的前提下，将水平桥架拖到配电箱位置，软件会自动生成垂直桥架，如图 5.28、图 5.29 所示。

图 5.28　配电箱桥架平面布置图

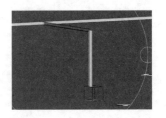

图 5.29　配电箱桥架三维布置图

如图 5.30 所示，弱电井内有通长布置的垂直桥架 200×100 和 100×100。要布置此处垂直桥架，在构件列表内选择需要布置的桥架类型，如图 5.31 所示。

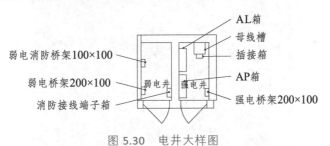

图 5.30　电井大样图

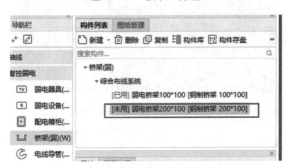

图 5.31　构件列表选中"桥架 200×100"

在绘图区域单击"布置立管"命令，软件自动弹出"布置立管"对话框，如图 5.32 所示。根据图纸信息修改立管参数，底标高为第 - 1 层顶标高 - 0.5，顶标高为第 3 层顶标高 - 0.5。根据图纸，立管需要旋转，勾选"旋转布置立管"，按照状态栏的文字提示，单击选中的插入点，旋转到指定方向。三维效果图如图 5.33 所示。

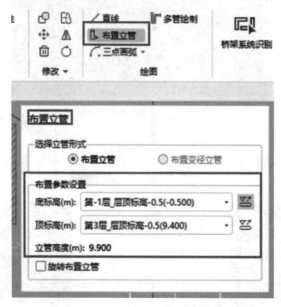

图 5.32 "布置立管"对话框

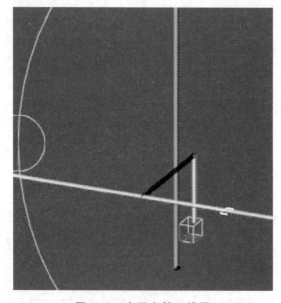

图 5.33 布置立管三维图

4. 识别管线

根据图纸配管信息，新建配管信息，如图 5.34 所示。

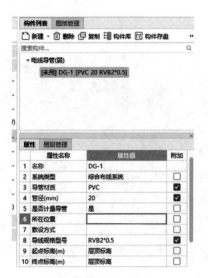

图 5.34　新建电线导管

在构件列表中选择新建回路，单击"识别电线导管"工作面板中的"单回路"命令，如图 5.35 所示。

图 5.35　"单回路"命令

根据状态栏文字提示，左键单击选择回路中一条 CAD 线，此线段变为蓝色，单击右键确认，软件自动弹出"选择要识别成的构件"对话框，如图 5.36 所示。

图 5.36　"选择要识别成的构件"对话框

选择对应回路，单击"确认"命令，软件自动识别生成回路。可通过"动态观察"功能，查看回路三维效果，如图 5.37 所示。

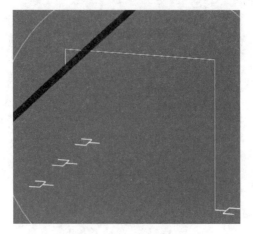

图 5.37　回路的三维效果

5. 桥架配线

（1）设置起点。

单击"识别桥架线缆"工作面板中的"设置起点"命令，如图 5.38 所示。

按照状态栏的文字提示，单击与 1AL1 配电箱相连的垂直桥架，软件自动弹出"设置起点位置"对话框，如图 5.39 所示。

图 5.38　"设置起点"命令

图 5.39　"设置起点位置"对话框

选择起点位置为立管底标高，单击"确定"命令，完成操作。软件会在设置好的起点位置标出一个黄色的"×"，表示该位置为设置好的起点，如图 5.40 和图 5.41 所示。

图 5.40　设置好的起点"×"平面布置

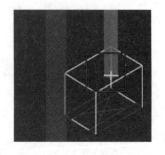

图 5.41　设置好的起点"×"三维布置

（2）选择起点。

单击"识别桥架内线缆"工作面板中的"选择起点"，按照状态栏的文字提示，单击与桥架相连的回路管段，此时绘图区域 CAD 底图灰显，被选中的回路变为蓝色，可以选择的桥架起点为紫色圆圈。单击表示配电箱通信机柜处垂直桥架的起点圆圈，此时与通信机柜相连的桥架变为绿色，与回路连接桥架变为黄色，表示被选中。

右键确认软件自动识别从选择起点到回路的桥架内配线，在动态观察的状态下，单击"检查/显示"工作面板中的"检查回路"功能，查看回路三维效果。单击回路管线，此时桥架显示为蓝色，而回路的管线以红黄双色显示，并不停闪烁。

采用相同的操作方法，选择其他回路起点，识别其桥架内配线。

3.2 工程量汇总

1. 汇总工程量

所有设备、管线绘制完成后，切换到软件上方菜单栏"工程量"选项卡，单击"汇总"工作面板中"汇总计算"命令，如图 5.42 所示。

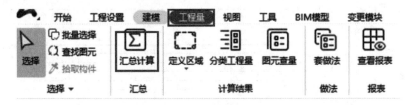

图 5.42 "汇总计算"命令

软件自动弹出"汇总计算"对话框，如图 5.43 所示。楼层列表默认勾选为当前楼层，单击"全选"命令，选中所有楼层，或者自行勾选需要汇总计算的楼层，再单击"计算"命令。软件自动计算绘图区域已经识别的图元构件，并进行分类汇总。

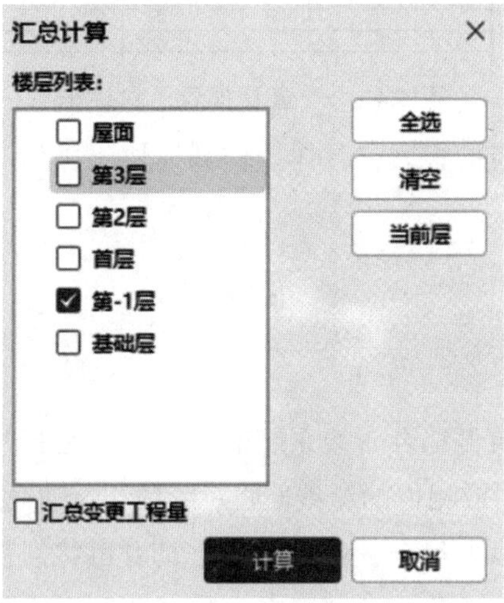

图 5.43 "汇总计算"对话框

2. 查看报表

汇总计算完成后，在"工程量"选项卡下，单击"报表"工作面板中"查看报表"命令，如图 5.44 所示。

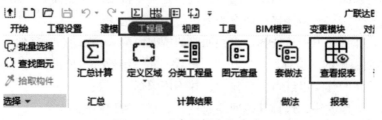

图 5.44　"查看报表"命令

软件自动弹出"查看报表"对话框，由于没有选定具体报表，报表数据区域为空白，如图 5.45 所示。

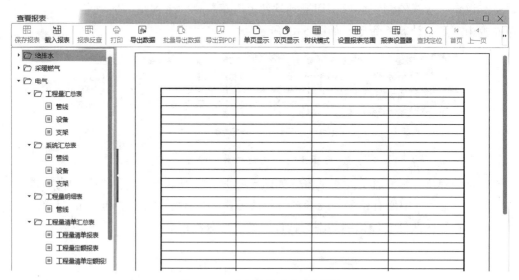

图 5.45　"查看报表"对话框

根据需要，选择查看相应的报表，具体操作和模块 1 操作一致。

3.3　基础知识链接

1. 综合布线系统

1）概念

综合布线是建筑物与建筑群综合布线系统的简称，它是指一栋建筑物内或建筑群体中的信息传输媒介系统。它将相同或相似的缆线（如对绞线、同轴线缆或光缆）以及连接硬件（如配线架）按一定关系和通用秩序组合，集成为一个具有可扩展性的柔性整体，构成一套标准规范的信息传输系统。它是建筑物内的"信息高速公路"。它使语音、数据、图像通信设备和交换设备与其他信息管理系统彼此相连，也使这些设备与外部通信网络相连接。

2）组成

（1）工作区子系统，将终端设备连接到信息插座。

（2）配线子系统（水平布线子系统），从楼层配线架至各信息插座，包括信息插座、水平电缆（光缆）及其他在楼层配线架上的机械终端、插接软线和跳线。

（3）干线子系统，指设备间（主配线架）至配线间（楼层配线架）之间的主干电缆及配线设备。

（4）设备间子系统，它是布线系统最主要的管理区域，所有楼层的信息点都由电缆或光纤电缆传送至此。同时，它也是安装网络进出线设备、互联设备、主机设备和保护设备的用房。

（5）建筑群子系统，提供外部建筑物与大楼内布线的连接点。

（6）管理子系统，此部分放置布线系统设备，包括水平和主干布线系统的机械终端和设备交换。

3）特点

综合布线系统使用层次星型拓扑结构，通过交叉连接实现；采用模块化结构设计，易于扩展、管理和维护；彻底解决了传统布线的诸多缺点，如设计复杂、费用高、扩展难等；使用标准配线系统和统一的信息插座，可连接不同类型的设备；改变、移动和设备升级都很方便，只需在配线架上跳线；可根据用户的需求随时进行改变和调整；设计思路简洁、施工简单、费用低。

2. 安防监控系统

1）安防系统

安全防范是指以维护社会公共安全为目的，防入侵、防被盗、防破坏、防火、防暴和安全检查等措施。而为了达到防入侵、防盗、防破坏等目的，采用以电子技术、传感器技术和计算机技术为基础的安全防范技术的器材设备，并将其构成一个系统，由此应运而生的安全防范技术正逐步发展成为一项专门的安全防范技术学科。

安全防范系统一般由三个部分组成，即：物防、技防、人防。物防即物理防范（实体防范），它是由能保护防护目标的物理设施（如防盗门、窗、铁柜）构成，主要作用是阻挡和推迟罪犯作案，其功能以推迟作案的时间来衡量。技防即技术防范，它是由探测、识别、报警、信息传输、控制、显示等技术设施组成，其功能是发现罪犯，迅速将信息传送到指定地点。人防即人力防范，是指能迅速到达现场处理警情的保安人员或公安。

安防主要包括：闭路监控系统、防盗报警系统、楼宇对讲系统、车辆管理系统、周界报警系统、电子巡更系统、一卡通门禁系统、智能门锁系统等。

安防系统主要有四个层次，第一层为"周界防范"，如高墙、栅栏等加装电子周界防范报警设施，如振动电缆、泄漏电缆、主动红外等报警设备；第二层为"入口控制"，如在门窗及人可以出入处加装控制设施里使用 IC 卡或生物识别技术控制的电子锁；第三层为"空间报警"，如各种能探测人体移动的探测器有红外、微波、超声等移动报警，也有将以上两种技术组合在一起的双鉴报警器（用以减少误报警）；第四层为"重点防范"，如铁柜、保险库、保险箱加装振动、温度、位移等探测器和 IC 卡或生物识别技术控制的电子锁。

2）视频监控系统

监控系统由前端摄像、传输、控制、显示、记录登记 5 大部分组成。摄像机通过网线、光纤将视频图像传输到控制主机，控制主机再将视频信号分配到各监视器及录像设备，可将需要传输的语音信号同步录入到录像机内。通过控制主机，操作人员可发出指令，对球机的上、下、左、右的动作进行控制，并对镜头进行调焦、变倍的操作，还可通过控制主机实现在多路摄像机及球机之间的切换。利用特殊的录像处理模式，可对图像进行录入、回放、处理等操作，使录像效果达到最佳。

（1）摄像。

摄像机是一种把景物光像转变为电信号的装置，是视频监控系统最前端的设备。常见摄像机有球机、枪机、一体机等，如图 5.46 所示。

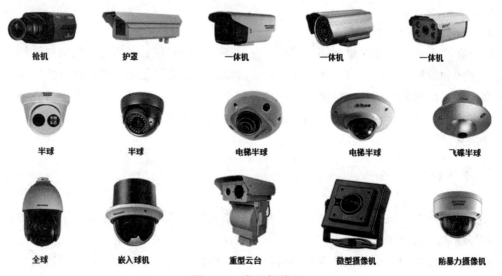

枪机　　　护罩　　　一体机　　　一体机　　　一体机

半球　　　半球　　　电梯半球　　　电梯半球　　　飞碟半球

全球　　　嵌入球机　　　重型云台　　　微型摄像机　　　防暴力摄像机

图 5.46　常见摄像机

（2）传输。

传输系统包括视频信号和控制信号的传输。视频信号的传输主要通过视频线、双绞线或光缆等，例如：SYV75-5/7/9、Cat5e；控制信号的传输主要使用屏蔽双绞线，例如：RVSP2*1.0/1.5、RVSP4*1.0/1.5。

（3）控制。

控制系统主要包括视频矩阵、键盘等。一个电视监控系统，往往摄像机数量较多，而显示器不能与其一一对应，这就需要一个可选择控制监视信号的设备——视频信号控制切换设备（视频矩阵）。

（4）显示。

显示记录系统主要包括监视器、硬盘录像机等。

4 成果评价

学生根据实训过程，按表 5.1 对本实训项目进行整体评价

表 5.1　实训成果评价表

评价项目	内容
自我评估、反思，以及能力提升情况	对实训过程中自我能力提升情况的评估
	对实训过程中优点和不足的反思分析
	个人技能、知识和能力的成长和提升情况
自我评价：	
针对计量结果和清单进行评价和反馈	对实训项目计量结果的准确性进行评价
	对计量清单的完整性和规范性进行评价
	给出改进建议和反馈以提高计量效果
自我评价：	
探讨实训中遇到的问题和解决方法	列出实训过程中遇到的问题和困难
	提供解决问题的方法和策略
	讨论在解决问题过程中的学习和成长
自我评价：	
总结实训经验，提出改进和建议	总结实训过程中的收获和经验
	提出改进实训方案的建议和想法
	对实训教学方法、资源和环境的建议
自我评价：	
其他评价	实训成果展示的质量和呈现方式评价
	团队合作和沟通能力的发展情况
	专业素养和职业道德的表现与提升
自我评价：	

模块6
安装工程计价

1 任务布置

1.1 实训目标

（1）了解清单编制说明的基本内容。

（2）了解招标控制价的编制流程和依据。

（3）掌握工程量清单样表。

（4）能够理解招标控制价的编制依据。

（5）能够完成招标控制价的编制。

1.2 实训任务和要求

本次实训任务的主要内容是根据广联达土建算量平台 GTJ2021 计算出的工程量，利用 GCCP 计价软件进行招标控制价的编制。学生需要按照指定的步骤和要求，完成以下任务：

（1）熟悉建设工程项目划分，了解招标控制价的组成。

（2）在 GCCP 软件中，根据图纸、广联达土建算量平台 GTJ2021 建立模型编制分部分项工程量清单。

（3）编制措施项目清单和其他项目清单。

（4）利用广材网、市场价、信息价调整人材机费用。

（5）生成综合楼招标控制价，以及相关的报表和文档。

2 软件介绍

广联达云计价 GCCP6.0 满足国标清单及市场清单两种业务模式，覆盖了民建工程造价全专业、全岗位、全过程的计价业务场景，通过端·云·大数据产品形态，旨在解决造价作业效率低、企业数据应用难等问题，助力企业实现作业高效化、数据标准化、应用智能化，达成造价数字化管理的目标。软件具备以下特点：

（1）全面。概预结审全业务覆盖，各阶段工程数据互通、无缝切换，各专业灵活拆分，支持多人协作，工程编制及数据流转高效快捷。

（2）智能。智能组价、智能提量、在线报表为组价、提量、成果文件输出等各阶段，提高工作效率，新技术带来新体验。

（3）简单。单位工程快速新建，全费用与非全费用一键转换，定额换算一目了然，计算准确、操作便捷、容易上手。

（4）专业。支持全国所有地区计价规范，支持各业务阶段专业费用的计算，新文件、新定额、新接口专业快速响应。

3 安装工程计价

3.1 新建工程

打开 GCCP6.0 软件，常用打开方式为直接双击 GCCP6.0 软件图标，或从电脑左下角 windows 图标找到广联达程序再找到 GCCP6.0，打开软件后进入软件欢迎界面，如图 6.1 所示。

图 6.1　软件欢迎界面

软件左侧提供四种算量模式，分别为新建概算、新建预算、新建结算、新建审核。软件中下部分为学习课堂。

本次以编制招标控制价为例，所以选择左侧的新建预算，单击"新建预算"，进入新建界面，如图 6.2 所示。页面左上角有个地理位置的符号，可选择不同省市，此处以四川为例。第二排可以选择预算类型，分别为招标项目、投标项目、定额项目、单位工程/清单、单位工程/定额。编制招标控制价，选择"招标项目"，下边部分为项目信息，在项目名称栏输入"综合楼"，项目编码根据实际情况输入，暂按照默认值，地区标准选择"四川 13 清单规范"，定额标准选择"四川省 2020 序列定额"，价格文价可以点击浏览，在弹出的对话框中选择所需月份的价格，如图 6.3 所示，点击"点击下载"命令，然后点击确定即可，计税方式选择"增值税（一般计税方法）"最后点击"立即新建"命令即可。

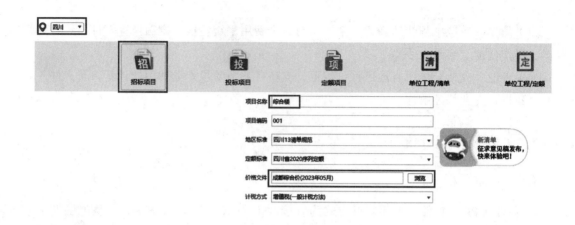

图 6.2　新建项目对话框

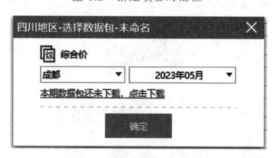

图 6.3　价格文件弹出对话框

新建项目后，软件跳转到"编制"界面，如图 6.4 所示。

图 6.4　计价软件"编制"界面

右键单击左侧项目结构树区域的"综合楼"按钮，软件自动弹出"新建单项工程"等信息对话框，如图6.5所示。

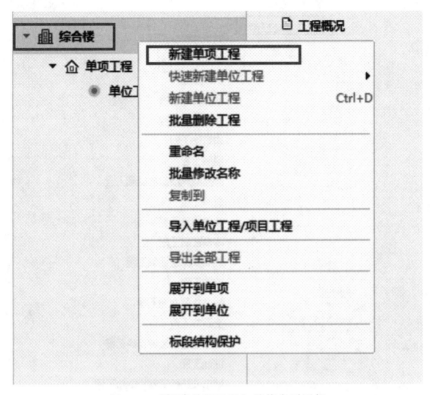

图6.5 "新建单项工程"等信息对话框

点击对话框中的"新建单项工程"命令，弹出提示输入单项工程名称的"新建单项工程"对话框，根据工程需要输入对应的单项工程名称，例如"地上工程"，如图6.6所示。

图6.6 "新建单项工程"对话框

点击"确定"命令，完成新建单项工程的操作。点击"单位工程"按钮，弹出单位工程待选对话框，如图6.7所示。

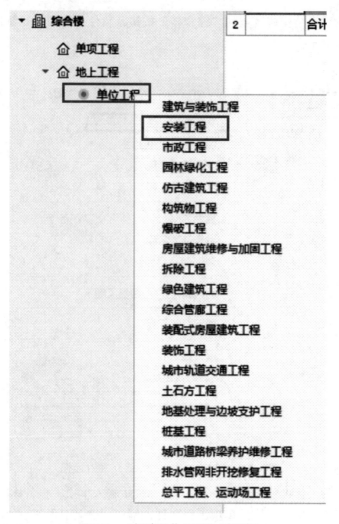

图 6.7 "新建单位工程"对话框

点击对话框中的"安装工程"命令，左侧"单位工程"修改成了"安装工程"，如图 6.8 所示。

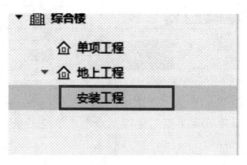

图 6.8 新建安装工程完成

右键单击"安装工程"，可以通过点击"重命名"按钮，修改"安装工程"的名称，例如修改为"强电工程"，如图 6.9 所示。

图 6.9　安装工程重命名

可以通过"快速新建单位工程"，快速新建其余单位工程。右键单击左侧单项工程按钮，展开"快速新建单位工程"，选择所需要的单位工程，如图 6.10 所示。

图 6.10　快速新建单位工程

重命名该新建安装工程为"给排水工程"后，采用相同方法，依次新建"消防工程""弱电工程""通风空调工程"，新建完成不同专业的单位工程，如图 6.11 所示。

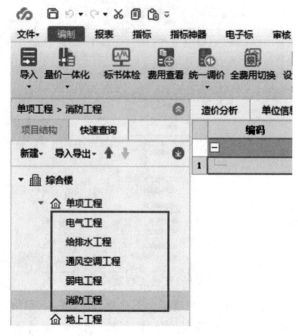

图 6.11　新建不同专业单位工程

3.2　清单计价编制

1. 导入 Excel 清单计价表

点击左侧项目结构树中单位工程项目中的电气工程，进入软件计价界面，如图 6.12 所示。

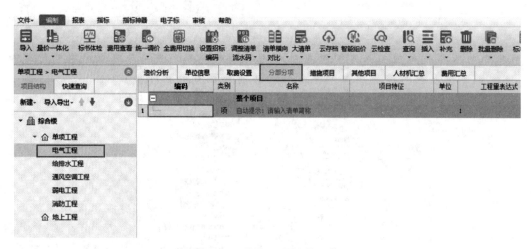

图 6.12　单位工程计价界面

点击软件上方工具栏中的"导入"按钮，弹出下拉列表，如图 6.13 所示。

图 6.13　"导入"下拉列表

点击"导入 Excel 文件"命令，软件自动弹出"导入 Excel 文件"对话框，找到电气工程清单 Excel 表并选中，如图 6.14 所示。

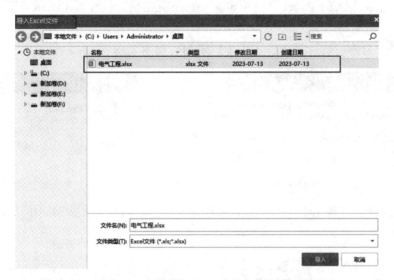

图 6.14　"导入 Excel 文件"对话框

点击"导入"命令，软件自动弹出"导入 Excel 招标文件"对话框，如图 6.15 所示。

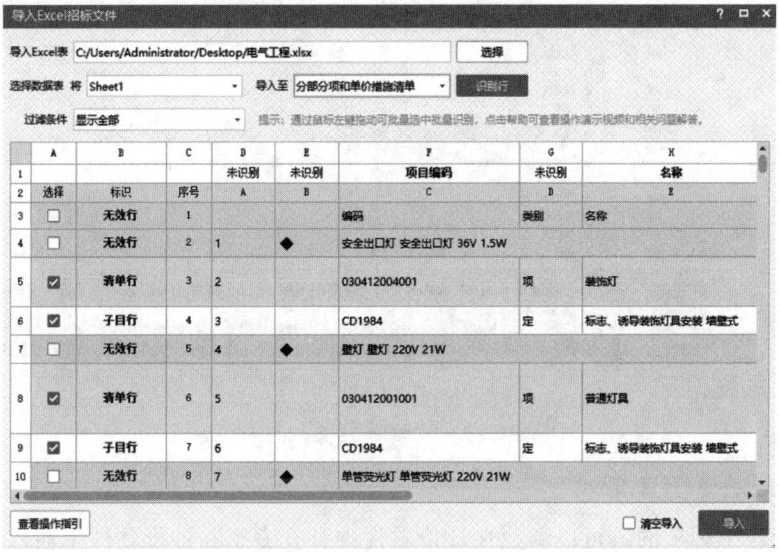

图 6.15　"导入 Excel 招标文件"对话框

点击对话框中"识别行"按钮，弹出行识别完成提示框，如图 6.16 所示。

图 6.16　识别行完成提示框

点击"确定"命令，完成识别行操作。再点击右下角"导入"命令，软件进行 Excel 文件导入操作，如果导入的 Excel 文件中定额子目下有主材，软件弹出提示对话框，如图 6.17 所示。

点击"是"命令，软件弹出导入成功提示框，如图 6.18 所示。

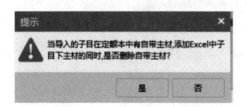 

图 6.17　导入子目带主材提示框　　　　　　　图 6.18　导入成功提示框

点击"结束导入"命令，"导入 Excel 招标文件"对话框消失，回到单位工程计价界面，如图 6.19 所示。

图 6.19　"分部分项"界面

2. 清单、定额子目输入

清单计价表中漏项的，可以单独在计价软件中补充完整。计价软件中输入清单、定额有三种方式：① 直接输入：完整输入清单或定额的编码，直接带出清单或定额的内容；② 关联输入：知道清单或定额的名称，但不知道编码，在名称列输入清单、定额名称，实时检索显示包含输入内容的清单或定额子目；③ 查询输入：在对清单或定额不熟悉时，可以直接通过查询窗口查看清单或定额，并可以完成输入。

（1）直接输入。

在一级导航栏中选择"编制"，然后在项目结构树中选择单位工程电气工程，在二级导航栏中选择"分部分项"，然后选中编码列，直接输入完整的清单编码（如：电力电缆030408001001），然后敲击回车键确定，软件自动带出清单名称、单位，如图 6.20 所示。定额输入方法与清单输入方法相同。

	编码	类别	名称	项目特征	单位	工程量表达式
整个项目			整个项目			
1	030408001001	项	电力电缆	1.名称： 2.型号： 3.规格： 4.材质： 5.敷设方式、部位： 6.电压等级(kV)： 7.地形：	m	1
2	—	项	自动提示：请输入清单简称			1
3	—	项	自动提示：请输入清单简称			1

图 6.20　直接输入清单定额

（2）关联输入。

关联输入需要先进行设置，在一级导航栏中点击"文件"，下拉选择"选项"，如图 6.21所示。在弹出的"选项"对话框中，在"输入选项"下勾选"输入名称时可查询当前定额库中的子目或清单"选项，如图 6.22 所示。

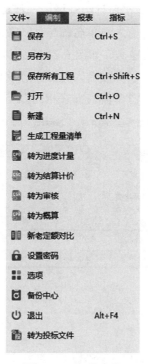

图 6.21　选项功能

图 6.22　选项窗口

在一级导航栏中选择"编制"，在项目结构树中选择单位工程，在二级导航栏中选择"分部分项"，然后选择项目名称列，输入清单名称（如：荧光灯），软件实时检索出相应的清单项，鼠标点选清单项，即可完成输入，如图 6.23 所示。在清单编制时，如果不知道清单项的完整名称，只知道关键词，也可以直接输入关键字，软件也会自动检索。如：荧光灯，输入"荧光"即可。定额输入方法与清单输入方法相同。

	编码	类别	名称	项目特征	单位
	—		整个项目		
1	030408001001	项	电力电缆	1.名称： 2.型号： 3.规格： 4.材质： 5.敷设方式、部位： 6.电压等级(kV)： 7.地形：	m
2		项	荧光灯		
3		项	030412005 荧光灯 照明器具安装 安装工程		
4	□ 030412004003	项		口灯 .5W	套
	⊞ CD1984	定			套
5		项			
6	⊞ 030412001001	项		21W	套

图 6.23　检索清单名称

（3）查询输入。

在一级导航栏中选择"编制"，在项目结构树中选择单位工程，在二级导航栏中选择"分部分项"，点击功能区的"查询"选项的下拉按钮，选择"查询清单"功能，如图6.24所示；在弹出的"查询"窗口，按照章节查询清单，找到目标清单项后，选中，然后点击"插入"或"替换"，完成输入，如图6.25所示。定额输入方法与清单输入方法相同。

图 6.24　"查询清单"功能

图 6.25　"查询清单"窗口

可以通过查询窗口的"清单指引"功能，快速将清单及定额子目一起输入，如图6.26所示。

图 6.26　"清单指引"功能

3. 项目特征描述

清单规范中规定，清单必须载明项目特征；在编制过程中，一般分两种情况，一是清单项列出的项目特征录入相应的特征值，二是清单列项未列出项目特征的，需要手动输入文本。

在一级导航栏中选择"编制"，在项目结构树中选择单位工程，在二级导航栏中选择"分部分项"，选中数据编辑区的某清单项，点击属性区的"特征及内容"，根据工程实际选择或输入项目特征值，如图 6.27 所示。完成后，软件会自动同步到清单项的项目特征框。在"特征及内容"中或编制窗口项目特征列中，均可直接修改清单项目特征内容，如图 6.28 所示。

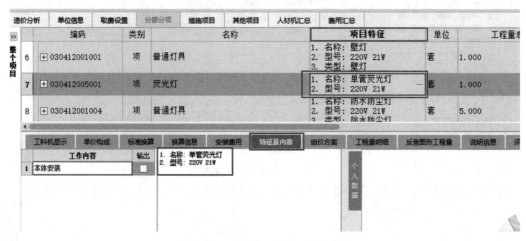

图 6.27　属性区"项目特征"

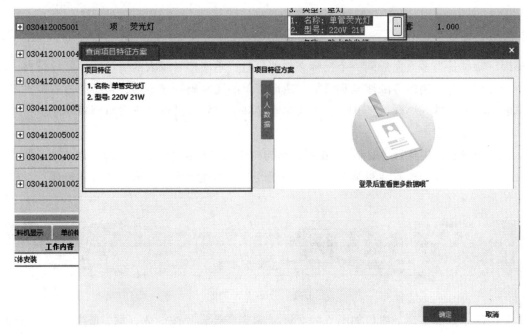

图 6.28 项目特征窗口

4. 工程量输入

在实际工作中，清单的工程量一般通过算量软件计算或手算，但提量时需要将多个部位的工程量相加，并将计算过程作为底稿保留在清单项中。在一级导航栏中选择"编制"，在项目结构树中选择单位工程，在二级导航栏中选择"分部分项"，然后选中一清单行，点击"工程量表达式"，输入各工程量，进行算术计算；计算式输入完成后，敲击回车，工程量自动计算完成。如图 6.29 所示。

	编码	类别	名称	项目特征	单位	工程量表达式	含量	工程量	
17	⊞ 030404034001	项	照明开关	1. 名称：暗装单联开关 2. 规格：10A	个	6.000		6	
18	⊞ 030404035001	项	插座	1. 名称：暗装单相插座 2. 规格：10A 250V	个	27+30		57	
19	⊞ 030404034002	项	照明开关	1. 名称：暗装双联开关 2. 规格：10A	个	16.000		16	

图 6.29 清单"工程量表达式"

根据定额工程量与清单工程量的不同关系，定额工程量输入有不同方式。如果清单工程量和定额工程量单位相同，套用定额后，定额工程量表达式自动输入"QDL"，即定额工程量等于清单量，根据定额扩大单位倍数，"含量"处自动调整，如图 6.30 所示。

	编码	类别	名称	项目特征	单位	工程量表达式	含量	工程量	
25	⊞ 030404017004	项	配电箱	1. 名称：AL01 2. 规格：600*400*400	台	1.000		1	
26	⊟ 030411003001	项	桥架	1. 名称：系线1-200*100 2. 规格：200*100 3. 材质：钢制桥架	m	42.323		42.323	
	⊞ CD1578	定	钢制槽式桥架(宽+高mm) ≤800		10m	QDL	0.1	4.2323	
	⊞ CD0965	定	户内接地母线敷设		m	QDL	1	42.323	

图 6.30 定额"工程量表达式"

5. 工程整理

工程量清单编制完成后，一般都需要按清单规范（或定额）提供的专业、章、节进行归类整理。特别是当多人完成同一个招标文件编制时，不同楼号录入的清单顺序差异较大，以及由于过程中对编制内容的删减和增加，造成清单的流水码顺序不对，希望通过清单排序将清单的顺序进行排列。既保证几个工程清单顺序基本一致，又保证查看时清晰易懂。

（1）分部整理。

在一级导航栏中选择"编制"，在项目结构树中选择单位工程，在二级导航栏中选择"分部分项"，然后选中所有项目清单，点击功能区的"整理清单"，选择"分部整理"，如图6.31所示。

图 6.31　分部整理功能

弹出的"分部整理"窗口如图6.32所示。根据需要选择按专业、章、节进行分部整理，然后点击"确定"，软件即可自动完成清单项的分部整理工作，如图6.33所示。

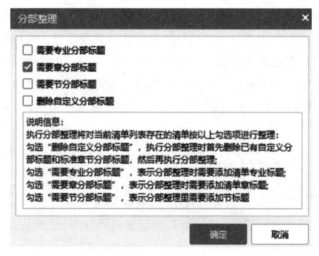

图 6.32　分部整理窗口

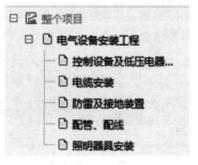

图 6.33　完成分部整理后

（2）清单排序。

在一级导航栏中选择"编制"，在项目结构树中选择单位工程，在二级导航栏中选择"分部分项"，然后选中所有项目清单，点击功能区中的"整理清单"，选择"清单排序"如图6.34所示。

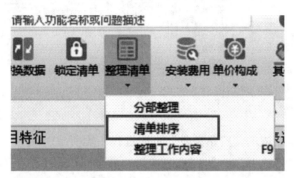

图6.34　清单排序功能

在"清单排序"窗口，根据需要，选择"保存清单顺序""清单排序"，然后点击"确定"，软件即可自己完成清单排序，如图6.35所示。

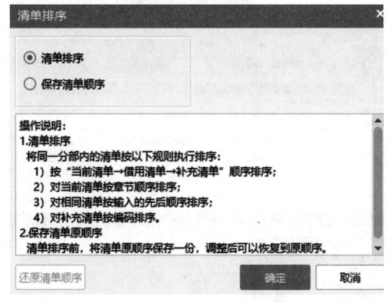

图6.35　清单排序窗口

6. 措施、其他项目编制

1）取费设置

取费设置是整个工程编制之前的基础，包括人工费调整、综合费、总价措施费、规费及税金。在软件中项目工程或单位工程界面可以看到取费设置界面，单项工程上没有取费设置。以项目工程进行取费设置为例，在一级导航栏中选择"编制"，在项目结构树中选择项目工程，在二级导航栏中选择"取费设置"，如图6.36所示。

图 6.36　取费设置

　　在取费设置页面，左边的"费用条件"可以选择工程所建时间和所在地区，如图 6.37 所示，所建时间输入"2023.1 月"，所在地区选择第一个"成都市"。右边人工费等费率根据不同地区、不同时间设置，会相应自动改变，也可自行修改。点击"查询费率信息"，可以查看不同专业、不同时间的费率，如图 6.38 所示。

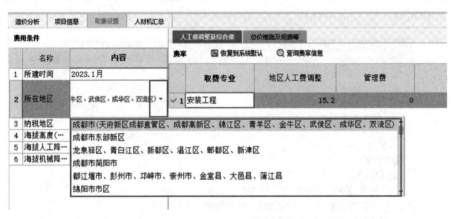

图 6.37　修改"费用条件"

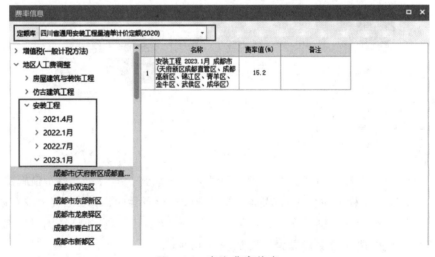

图 6.38　查询费率信息

2）措施项目清单

措施项目清单包括总价措施和单价措施，总价措施以计算公式组价，计费基数乘以费率；单价措施为可计量清单组价，其组价方式与分部分项工程一致。

清单规范中明确指出部分措施项目的计算规则为计算基数×费率，因此在编制时，需要根据实际情况查询选择费用代码作为取费基数。同时，由于各地的费率值较多且不同，可以在软件中直接查询出费率值。在一级导航栏中选择"编制"，在项目结构树中选择单位工程，在二级导航栏中选择"措施项目"，然后选择需要修改的清单项，点击"计算基数"，在"费用代码"窗口中双击选择需要的费用代码，添加到计算基数中，如图6.39所示。

	组价方式	计算基数	费率(%)	工程量表达式	工程量	综合单
	子措施组价			1	1	1485.
	计算公式组价	FBFXZZCSQFJS+JSCSZZCSQFJS ▼	1.11		1	117.
	计算公式组					
	计算公式组					
	计算公式组					
	计算公式组					
	计算公式组					
	计算公式组					
	计算公式组					

	费用代码		费用代码	费用名称	费用金额
∨					
	分部分项	1	FBFXHJ	分部分项合计	19442.18
	措施项目	2	RGF	分部分项人工费	11622.59
	人材机	3	CLF	分部分项材料费	4790.64
		4	JXF	分部分项机械费	593.19
		5	ZCF	分部分项主材费	2432.76
		6	SBF	分部分项设备费	0
		7	GLF	分部分项管理费	742.93

图 6.39　计算基数"费用代码"

在一级导航栏中选择"编制"，在项目结构树中选择单位工程，在二级导航栏中选择"措施项目"，选中需要修改的清单项，点击"费率"，软件会自动弹出汇率查询框，然后根据需要查询相应的费率值，如图6.40所示。

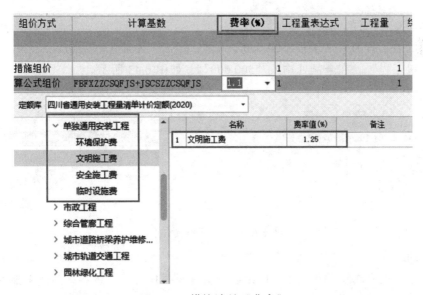

组价方式	计算基数	费率(%)	工程量表达式	工程量	综
措施组价			1	1	
算公式组价	FBFXZZCSQFJS+JSCSZZCSQFJS	1.11 ▼	1	1	

定额库　四川省通用安装工程量清单计价定额(2020) ▼

∨ 单独通用安装工程		名称	费率值(%)	备注
环境保护费	1	文明施工费	1.25	
文明施工费				
安全施工费				
临时设施费				

> 市政工程
> 综合管廊工程
> 城市道路桥梁养护维修…
> 城市轨道交通工程
> 园林绿化工程

图 6.40　措施清单"费率"

3）其他项目清单

其他项目清单包括暂列金、暂估价、计日工和总承包服务费，点击"其他项目"，如图 6.41 所示。

图 6.41　其他项目清单

（1）添加暂列金额。

点击"暂列金额"，暂列金额可以设置为固定金额也可以按照费率计算，具体根据招标文件要求设置，如图 6.42 所示。

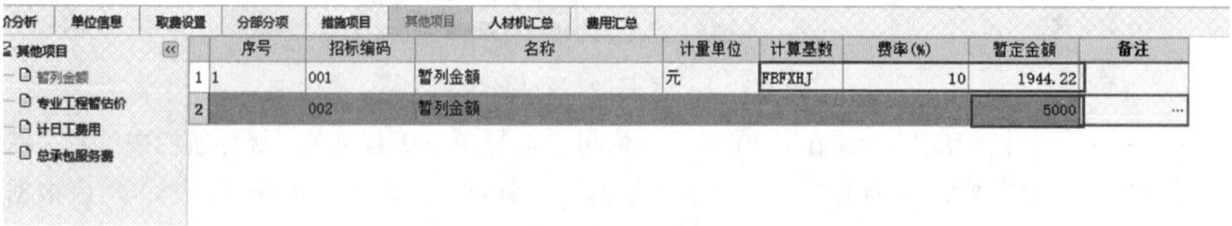

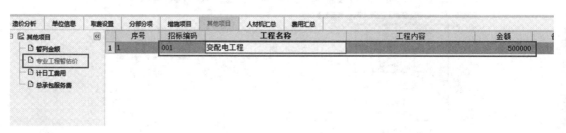

图 6.42　暂列金额

（2）添加专业工程暂估价。

以"变配电工程为暂估工程 500 000"为例，点击"专业工程暂估价"，在工程名称中输入"变配电工程"，在金额处输入"500 000"，如图 6.43 所示。

图 6.43　专业工程暂估价

（3）添加计日工。

计日工指的是完成除发包人施工图纸以外的零星工作等工程内容，需要单独计算到其他项目费。点击"计日工费用"，在相应的工种输入暂估数量和单价，如图 6.44 所示。

图 6.44　计日工费用

7. 人材机编制

在编制招标文件时，编制工作完成后，在人材机汇总界面载入市场价文件，完成市场价调整。或者自己手动修改材料市场价，完成调价工作。

1）载入市场价

在一级导航栏中选择"编制"，在项目结构树中选择单位工程，在二级导航栏中选择"人材机汇总"，点击"功能区"的"载价"，选择"批量载价"，如图 6.45 所示。

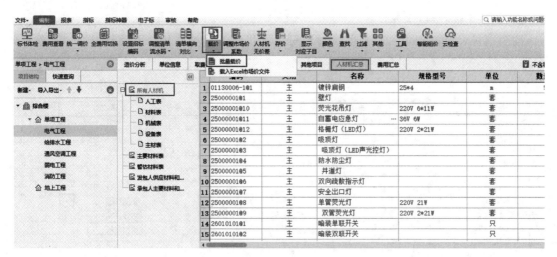

图 6.45　批量载价

在弹出的窗口中，根据工程实际选择需要载入的某一期信息价，然后点击"下一步"，在"载价结果预览"窗口，可以看到，待载价格和信息价，根据实际情况也可以手动更改待载价格，完成后点击"下一步"，完成载价，如图 6.46 所示。

图 6.46　载价结果预览

2）调整甲供材料

按照招标文件的要求，对于甲供材料可以在供货方式处选择"甲供材料"，如图 6.47 所示。

	编码	类别	名称	规格型号	单位	供货方式	市场价
16	26010101@3	主	风机盘管开关		只	自行采购	
17	26410166@1	主	暗装单相插座	10A 250V	个	自行采购	
18	26410166@2	主	单相空调插座	20A 250V	个	自行采购	
19	29010106@1	主	电缆桥架	200*100	m	自行采购	
20	29010106@2	主	电缆桥架	300*100	m	自行采购	
21	29110115@2	主	断接卡子		个	自行采购	
22	补充主材001@1	主	配电箱	1AL1	台	自行采购	
23	补充主材002@1	主	配电箱	1ALG1	台	自行采购	
24	补充主材003@1	主	配电箱	1AP1	台	甲供材料	
25	补充主材004@1	主	配电箱	AL01	台	甲定乙供	

图 6.47　调整甲供材料

3）暂估材料价调整

按照招标文件要求，对于暂估材料表中要求的暂估材料，可以在"人材机汇总"中将暂估材料选中，设置成暂估价材料，则材料价不进入总价，如图 6.48 所示。

	编码	类别	名称	规格型号	单位	是否暂估	不计税设备
16	2601010103	主	风机盘管开关		只	☐	☐
17	2641016601	主	暗装单相插座	10A 250V	个	☐	☐
18	2641016602	主	单相空调插座	20A 250V	个	☐	☐
19	2901010601	主	电缆桥架	200*100	m	☐	☐
20	2901010602	主	电缆桥架	300*100	m	☐	☐
21	2911011502	主	断接卡子		个	☐	☐
22	补充主材00101	主	配电箱	1AL1	台	☐	☐
23	补充主材00201	主	配电箱	1ALC1	台	☐	☐
24	补充主材00301	主	配电箱	1AP1	台	☐	☐
25	补充主材00401	主	配电箱	AL01	台	☐	☐
26	补充主材00501	主	配管	PC16	m	☐	☐
27	补充主材00601	主	配管	PC16		☐	☐

图 6.48　暂估材料价格调整

3.3　报表输出

工程招标控制价编制完成后，用户可导出 Excel、PDF 格式的报表，如果没有相应报表，则在报表管理中找到后台保存的报表，或者自己新建报表按照招标方格式要求设计，最后把这些报表进行排序、批量打印或导出。

将光标定位到一级导航栏"报表"，在功能区有"批量导出 Excel"和"批量导出 PDF"，如图 6.49 所示。

图 6.49　导出报表

点击"批量导出 Excel"，如图 6.50 所示，用户可以批量对报表进行选择，或者可以批量选择/取消同名报表，也可根据上移、下移命令调整报表的顺序。

图 6.50　"批量导出 EXCEl"窗口

用户可以在"导出设置"中对 Excel 的页眉页脚位置、导出数据模式、批量导出 Excel 选项进行选择，如图 6.51 所示。如果导出报表需要连续编码导出时，可勾选"连码导出"，并设置起始页。

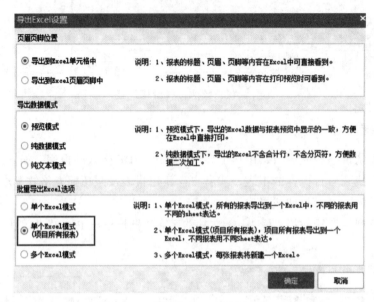

图 6.51 "导出 Excel 设置"窗口

4 成果评价

学生根据实训过程，按表 6.1 对本实训项目进行整体评价。

表 6.1　实训成果评价表

评价项目	内容
自我评估、反思，以及能力提升情况	对实训过程中自我能力提升情况的评估
	对实训过程中优点和不足的反思分析
	个人技能、知识和能力的成长和提升情况
自我评价：	
针对计量结果和清单进行评价和反馈	对实训项目计量结果的准确性进行评价
	对计量清单的完整性和规范性进行评价
	给出改进建议和反馈以提高计量效果
自我评价：	
探讨实训中遇到的问题和解决方法	列出实训过程中遇到的问题和困难
	提供解决问题的方法和策略
	讨论在解决问题过程中的学习和成长
自我评价：	
总结实训经验，提出改进和建议	总结实训过程中的收获和经验
	提出改进实训方案的建议和想法
	对实训教学方法、资源和环境的建议
自我评价：	
其他评价	实训成果展示的质量和呈现方式评价
	团队合作和沟通能力的发展情况
	专业素养和职业道德的表现与提升
自我评价：	

参考文献

[1] 规范编制组.2013 建设工程计价计量规范辅导[M]. 北京：中国计划出版社，2013.

[2] 四川省建设工程造价总站. 2020 四川省建设工程工程量清单计价定额——通用安装工程[S]. 成都：四川科学技术出版社，2020.

[3] 中华人民共和国住房和城乡建设部，中华人民共和国国家质量监督检验检疫总局.建设工程工程量清单计价规范：GB 50500—2013[S]. 北京：中国计划出版社，2013.

[4] 中华人民共和国住房和城乡建设部，中华人民共和国国家质量监督检验检疫总局. 建筑工程施工质量验收统一标准：GB 50300—2013[S]. 北京：中国建筑工业出版社，2013.

[5] 中华人民共和国住房和城乡建设部，中华人民共和国国家质量监督检验检疫总局. 智能建筑工程质量验收规范：GB50339—2013[S]. 北京：中国建筑工业出版社，2013.

[6] 中华人民共和国住房和城乡建设部，中华人民共和国国家质量监督检验检疫总局.通用安装工程工程量计算规范：GB 50856—2013[S]. 北京：中国计划出版社，2013.